电力安全生产月获奖征文

（2012—2015）

全国电力安全生产月征文比赛评委会 编

浙江人民出版社
ZHEJIANG PEOPLE'S PUBLISHING HOUSE

国家能源局主管
中国电力传媒集团
CHINA ELECTRIC POWER MEDIA GROUP

图书在版编目（CIP）数据

电力安全生产月获奖征文：2012—2015/全国电力安全生产月征文比赛评委会编. －杭州：浙江人民出版社，2016.5

ISBN 978-7-213-07360-1

Ⅰ.①电… Ⅱ.①国… ②中… Ⅲ.①电力工业－安全生产－文集 Ⅳ.①TM08-53

中国版本图书馆 CIP 数据核字（2016）第 116869 号

电力安全生产月获奖征文（2012—2015）

作　　者：全国电力安全生产月征文比赛评委会

出版发行：浙江人民出版社　中国电力传媒集团

经　　销：　中电联合（北京）图书销售有限公司
　　　　　　销售部电话：（010）52238170　52238190

印　　刷：三河市百盛印装有限公司

责任编辑：于子浩　宗　合

责任印制：郭福宾

资料收集：薛　超　郭春阁

网　　址：http://www.cpnn.com.cn/tsyxzx/

版　　次：2016 年 5 月第 1 版·2016 年 5 月第 1 次印刷

规　　格：710mm×1000mm　　16 开本·17 印张·200 千字

书　　号：ISBN 978-7-213-07360-1

定　　价：69.00 元

目录

2012 年

一 等 奖

二 等 奖

三 等 奖

2013 年

一 等 奖

二 等 奖

2014 年

一　等　奖

二　等　奖

三　等　奖

优 秀 奖

优　秀　奖

2012 年

一等奖

安全需巧用"天时地利人和"

江 镇

"天时地利人和"在古时指作战时的自然气候条件、地理环境和人心的向背达到最佳境界，是兵家作战制胜之"法宝"。

笔者认为，在安全生产这场没有硝烟、永无止境的"战役"中，要想立于不败之境，同样需巧用"天时地利人和"。

安全需引天时。一方面，我们在安全检查中需利用晴好天气主动出击，做到脑勤、眼勤、嘴勤、手勤、腿勤，不放过任何蛛丝马迹，方能使隐患消除在萌芽状态。如平时晴好天气不勤于检查，一遇恶劣天气，隐患暴露再整改，轻者增加工作难度，重则造成人员伤亡等无法挽回的损失。另一方面，需借上级安全政策及操作规程。上级政策及操作规程都是从事故中总结出来的经验，经专家深思熟虑，群众集思广益，综合考虑、合理制定的，有非常合理的针对性和操作性，如在工作中能遵章守纪，环环相扣，合理运用，定会使安全工作扎实有效开展。

安全需借地利。首先，我们在各类施工中需选择科学合理位置，既符合安全距离要求，又便于操作，误操作的可能性势必大为减少，利于安全检查，能大大提高检查效率。其次，我们各项安全活动的开展，要结合自身工作实际，因地制宜，不要盲目跟风，不切实际，导致活动没有要点，没有针对性和可操作性。

安全需铸人和。俗话说："人心齐，泰山移"，开展安全工作不光是几个负责人与安全员的"小合唱"要唱得好，而且全员参与的"大合唱"亦要唱得精彩。我们要通过层层宣传发动，加大奖罚力度，努力营造"人人讲安全、时时讲安全、事事讲安全"的浓厚氛围。同时积极倡导安全工作不得马虎，在安全大舞台上每个人都是"演员"，要大力培育好开展安全工作互相支持、配合、监督的良好行为。唯其如此，方能织牢密不可破的"安全网"，使安全生产管理体系"固若金汤"，确保安全之树常青。

（作者单位：江西省乐平市供电公司）

给安全之门上把锁

周　萍

　　某电厂安全大检查现场，检查组领导看到距离中央控制室很近的一处主变压器室门虚锁着，钥匙就插在锁孔里。领导当场提出，高压室必须锁门。

　　笔者向运行人员了解，他们认为，主变室近在眼前，况且现在是高温季节，每隔一小时就要进去抄录一次主变温度，随时要巡检记录。每次去之前都要去拿钥匙开门，实在太麻烦。所以就让门虚锁着。

　　高压室必须上锁，只有专业人员或在专业人员陪同下才能进入高压室，这是《电业安全工作规程》明确规定的。

　　生活中没有人因为嫌麻烦或是只出门一会儿而侥幸不锁门。同样是两扇门，为何频繁出入高压室会嫌拿钥匙开门锁门麻烦？说到底还是人们对待家门和高压室门，安全意识和安全责任不一样。家门不锁，导致的后果可能是家庭财产的损失，如果电厂高压室的门不锁，事故和不安全事件就会像小偷那样偷偷地"溜"进门。"安规"就是电力安全生产之门上的那把锁，电力员工应该是忠实可靠的上锁人。

　　给虚锁的高压室真正锁上把牢靠的锁，不让事故有可乘之机，要像足球守门员那样来坚守安全生产之门。我们能够锁好家门，也应该用为家庭安全负责的责任心给安全之门上把锁。我们能够为家庭安全负责，也应该对企业安全发展、科学发展担当起肩上的责任。

（作者单位：浙江华电乌溪江水力发电厂）

用好安全"加减乘除"法

罗明忠

六月，是安全生产月，"科学发展，安全发展"是安全月的主题。"三夏"是迎峰度夏的高峰阶段，安全生产任务繁重，用"加减乘除"的方法搞安全管理，以安全促企业效能建设，行之有效，立竿见影。

用好安全"加"法，加强安全业务培训，提高服务本领。目前，不少基层供电所的干部员工结构呈现出老龄化倾向，整体文化水平不高，知识结构单一。他们在工作中对安全认识不够深入，对安全能促进企业的效能和绩效的认识更为肤浅。提高基层供电所工作效能，要加强各类业务培训，坚持"在学中干、在干中学"，培养他们能办文、办事、能办各类各项工作的能力，培养他们成为一岗多责的"复合型"人才，提高他们为地方经济发展高效服务的本领。用好安全"减"法，减少工作随意性，健全安全生产管理各项规章制度。制定基层供电所工作规范，健全安全事故责任追究、外出请假告知等多项制度，用制度约束员工言行，做到有章可循。要全面落实首问负责制、限时办事制、服务承诺制等各项制度，并加强对各项制度执行情况的跟踪管理。

用好安全"乘"法，促使工作效率成倍提高。要减少与安全生产无关的会议，抓实事，梳理各类重点、难点、热点问题，在时间进度和完成目标上定时、定量、定人、定责，做到定目标、明任务、强责任、促实效；要建立绩效考核机制，增强员工"安全则效益，不安全则无效益，不进则退，慢进也是退"的危机意识，形成"人人有压力，人人有动力，奋勇当先"的良好氛围。

用好安全"除"法，清除不良安全生产工作作风。要成立安全效能建设领导小组，负责本单位安全效能监督检查和督办查处，重点检查安全生产中隐患排除等情况，严格依法办事，执行安全检查工作纪律，改进服务态度，解决生产一线生产设备缺陷实际困难，推进安全生产管理体制工作落实等方面的情况，设立安全公众举报电话、举报箱，做好投诉受理处理工作，实行动态监督。实行一票否决制，重奖重罚，一心一意抓安全，没有借口搞敷衍。从思想上提高认识，增强责任感和使命感，从根本上和源头上治理安全隐患，积极调动全体员工的安全责任心，保障供电企业的安全生产，以安全促企业长治久安。

（作者单位：四川苍溪供电公司）

二等奖

由“人人都是通风员”想到的

李运宏

笔者曾看到一则消息，颇有感触。

这则消息说的是：一位记者在“走转改”活动中，来到某煤矿进行实地采访。在一百多米深的井下，他问在场矿工：“你们谁是通风员？”周围的工友都笑着回答：“我们人人都是通风员。”这九个字的简短回答，体现的是这些矿工们强烈的安全意识，是该企业居安思危、卓有成效的安全生产管理理念。

地下矿井，最大的安全隐患是瓦斯。

只有加强通风，才能防止瓦斯聚集带来的危险。该煤矿提出“人人都是通风员”的安全口号，正是为了强化员工安全意识。

职工的参与，是安全生产工作的重要一环。在安全生产中，操作的规程需要职工遵守，制度的执行需要职工监督，让他们都参与安全管理，对于提升安全意识、形成安全文化意义重大。“人人都是通风员”，可谓一种安全管理新理念。这一理念的核心，就是把职工发动起来，人人关心、人人参与、人人负责。

对于我们电力行业来说，专业比较集中、群体作业多、涉及面广，每一个员工、每一项工作、每一个细节都直接关系到安全生产工作的大局。员工不仅是安全生产的执行者，也是安全生产成败的第一要素。安全生产工作要避免失误，关键在人，究其根本是要提高员工安全生产的责任感和自觉性。要消除潜在的危险因素，防止发生人为的误判断、误操作，就要坚持"以人为本"。安全生产的目的归根结底是为了人的安全。在企业安全文化创建活动中要倡导职工"做安全事，当安全人"，形成"人人、事事、时时、处处保安全"的文化氛围。

因此，要不断强化生产人员的安全意识和专业技能，开展多种形式的宣传活动，引导和教育生产人员变"要我安全"为"我要安全"；要在工作上、生活中及时给生产人员提供必要的督促、指导和帮助；要通过培养员工爱岗敬业的主人翁精神、"严细实"的工作作风、严守规程的行为习惯和"四不伤害"的职业道德，提高员工的安全意识，使严守规程成为全体员工的基本素质和工作习惯，使"科学发展、安全发展"成为企业安全生产的基本理念和自觉执行力。

（作者单位：山西晋城供电公司输电工区）

让安全之树常青

赵金杰

放学回家的儿子异常兴奋地告诉我说："老爸，今天电力局的叔叔阿姨到我们学校上了一堂生动的安全用电常识课，你也是一名电力员工，平时总提醒我路上要注意安全，在工作上你更要作出表率哦，每天高高兴兴上班，平平安安回家。"

儿子简单的几句话，让我陷入了沉思。每当我们翻开典型事故案例，反复审视惨痛事故教训的经过、原因和暴露出的问题的时候，每个人的心都在颤抖、都在滴血。此时我们对于安全的概念都有了更深的理解、认识和体会。一桩桩血淋淋的悲剧，无时不在给我们敲响安全的警钟。侥幸心理、冒险作业、麻痹大意葬送了一个个鲜活的生命，毁掉了一个个幸福的家庭。我们都懂得一个道理：遇到挫折和困难的时候，只要人在，一切都会过去的。然而，因为不遵章守纪，漠视安全、忽视安全导致生命戛然而止的时候，亲人声嘶力竭的哭喊还能否留住以往家庭的温馨和甜美？高楼大厦垒于一砖一瓦，安全工作始于一点一滴。加强电力安全工作，关键要做到思想上警钟长鸣、行为上谨小慎微、制度上严密有效、监督上认真细致。

当前，我们开展的安全生产月活动，是"吸取教训、严控风险、确保安全"的重要举措，更是各级下决心抓好安全工作的有效途径。从个人零违章做起，安全基础坚如磐石；从班组零事故做起，安全之树常青。

（作者单位：河北省枣强县电力局）

多一分危险感

李申伟

最近外出学习，与一位曾在生产一线工作的学员聊天，他提到，在生产一线工作真不容易，想想很多工作危险都在身边。有一次他到检修车间去取工具，正在低头走路，猛听一声大喊："停下。"停下来才明白车间里高压试验人员正在做试验而没有设遮栏。"这是他们非常明显的违章，但还埋怨我，说我有眼不知道看事，没触电算是侥幸。"他说。

还有一次是事故抢修，他仓促间打开了开关柜的一扇挡板，在没有遮拦的母线下工作起来。

在生产方面，虽然不如人身危险对自己的直接冲击大，但一根铁丝、一个工具，甚至数据上的一个毫米，都可能引发严重的设备事故。

"这都是十几年前的事了，现在执行制度严格，设备先进了，这样的危险少了。"虽然这位学员现已经不在生产岗位工作了，但他这种危险感是非常可贵的，实际上就是一种强烈的安全意识。

有了这种危险感，在执行制度的时候就会多一分严谨，而不是凭着感觉做事，就不会凭着一种侥幸的心理，在明知是违章的状态下作业。在接受任务的时候，就会多一分思考，动一动脑筋，而不是低着头，不假思索，在对任何情况都毫无防范的情况下去工作。

有了这种危险感，在进行危险点分析的时候，才能真正看到潜在的危险。在进行安全性评价的时候，才能看到真正的不安全因素。正是这种危险意识增强了，所以最近几年对设备状况进行

评价时，有许多原来认为不违章的设备，现在成了装置性违章。

有了这种危险感，执行三级验收等制度时就会做到每一级都不放过，层层把关，避免疏漏，而不是互相推诿，因为疏忽而留下设备隐患。

危险感是安全意识强的表现，安全如同走钢丝，在任何时候，接触到与安全有关的工作，都要有危险意识，而不是侥幸心理，严防死守，杜绝人身和设备事故。

（作者单位：山东日照供电公司）

安全生产亦需"说清楚"

崔红玲

近闻湖北十堰供电公司启动了影响正常供电"说清楚"制度，每月由各生产单位的行政一把手对上月本单位发生的安全生产影响正常供电重要事项"说清楚"。

此举可有效遏制了重要设备重复停运、重要设备跳闸等现象，确保了电网运营的安全性、可靠性和经济性。

由此及彼，安全生产亦需"说清楚"，不然，极可能因安全责任不明确、安全"红灯区"不清楚而引发安全事故。

如何"说清楚"？笔者认为，重在做好两件事。

在进行作业之前，由施工负责人就作业内容、责任分工、注意事项等问题"说清楚"，着重说清楚本次作业的危险点、难点以及可能因天气原因、合作者疏忽等突发状况产生的一系列问题，让具体作业者做到心中有数，有针对性地对一些作业事项做好充分的应对准备，从而避免在变故或疑难杂症前乱了阵脚，埋下安全隐患，引发安全事故。

在发生安全事故后，由事故引发者、安全责任人、施工负责人等层层向上"说清楚"，说清楚事故发生的原因、整个事故经过、事故引发的后果、事故善后工作和整改措施、对事故的认识、目前安全现状以及下一步的安全工作打算等。事故后的"说清楚"有两大作用：一是准确认定安全责任，为责任人量身定制安全培训教育方案，避免再发生同样的问题；二是使全员了解为什么发生事故、怎样处置事故、怎么预防事故，从而在今后的工作中提高警惕，防患于未然。

（作者单位：河南省焦作市博爱县电业局）

莫让安全"原则"变"圆则"

阙建华

在某单位安全生产会上，一位安全工作标兵在发言时说："安全是什么？怎样才能安全？安全就是高高兴兴上班，平平安安下班，要安全就必须坚持原则，不折不扣遵守安全生产规定，不让'原则'变'圆则'。"所谓原则，就是人们说话办事所依据的法则或标准，即通常所说的制度和规定。原则立足在公正、公平基础之上，不带任何感情色彩，不能随意变通和违反。

然而，在实际的安全工作中，有的人却把坚持原则的人视为不会"脑筋急转弯""不讲感情"。在人情关系、利益面前，将安全标准降低，将安全要求放松。殊不知，安全原则一旦变成"圆则"，就会使人们的安全意识淡薄，让人们的保护意识、风险认知与防范能力减弱。

安全事关企业稳定发展。笔者呼吁：要始终坚持"安全第一，预防为主"的安全方针，以对企业、对他人、对自己高度负责的态度，敢于坚持原则，不断克服和纠正不敢讲原则、不会讲原则、不愿讲原则的私心杂念与错误行为，不让"原则"变"圆则"，以促进一线生产人职业安全操守的养成，深入推进"安全年"活动，形成人人讲安全、事事讲安全的局面，促进企业的科学发展、安全发展。

（作者单位：丰城市供电公司）

安全意识永驻我心

彭 怡

前不久，笔者终于通过考试获得了驾照，结束了长达一年的驾驶技术学习。学习虽然结束，但教练的一席话将永驻心头。

他说，路考的成败不取决于考生的驾驶技术是否高超，而是由考生是否具有安全驾驶意识决定。哪怕操作还比较生涩、换挡还不够及时、刹车还踩得太急、停车还不是很完美……这都没有关系，技术活不娴熟仅仅会被扣分，考生还有机会通过考试；但如果是起步、变道、停车不打灯，不观察路口和人行横道线的情况，不减速……忽略了这些安全问题，考生就会直接被淘汰。这不禁让笔者联想到在电力这个与驾驶同样属于高危的行业中，仅有卓越的技能水平，但缺乏安全意识，能够保证安全生产吗？对于电力企业来说，安全的意义在于电气设备的稳定运行，在于千家万户的幸福光明，更在于国家经济的持续增长。不讲安全，哪怕是小小的差错也能留下巨大的隐患；不懂安全，哪怕是小小的疏忽，就能中断供电系统的正常运行。

作为一名检修人员，我们在工作中应如何保证安全生产？

要树立牢固的安全意识，安全工作无小事，安全生产应当从我做起。只有这样，才能保证企业安全生产的稳定局面。要努力学习安全知识，要具备必要的安全技能，做到干一行、爱一行；学一行、专一行，以踏实的工作作风，全面落实到每一项工作当中。要树立安全忧患意识，时时刻刻绷紧"安全"这根弦，克服侥幸心理，消除麻痹大意的松懈思想，做到严、勤、细、实。

在日常的工作中，如果我们每个安全责任人都能树立"安全第一"的思想意识，百分之百严格按安全规程办事，对安全生产的每一个环节都检查到位，不漏过一个疑点，不漏过一个细节，许许多多的事故都是可以避免的。

（作者单位：华能重庆珞璜发电厂）

三等奖

系好防范"安全带"

何卫东

据国家安全监督管理总局统计，仅今年 5 月份，全国发生重大事故 3 起，发生较大事故 61 起，死亡 166 人。一起起事故，再次提醒人们：安全，重在防范，系好防范"安全带"。

安全不仅事关财产的安全，更事关人的生命安全。财产损失了可以再创造，而人的生命只有一次。荀子说："一曰防，二曰救，三曰戒。防为上，救次之，戒为下。"如今的我们，应对事故来保障安全，也可以借助古老的中国智慧。荀子说了三种办法，第一种办法是在事情没有发生之前就预设警戒，防患于未然，这叫预防；第二种办法是在事情或者征兆刚出现就及时采取措施加以制止，防微杜渐，防止事态扩大，这叫补救；第三种方法就是在事情发生后再行责罚教育，这叫惩戒。荀子认为，预防为上策，补救是中策，惩戒是下策。要想做到防患于未然，就要在"三实"上下功夫。

思想上重"实"。重视安全不仅是看红头文件的多少，墙上框框的大小，更是要像抓生产一样来抓安全，树立没有事故就是创造效益的理念；走出"文山会海"，多下基层发现问题、总结问题，确保安全规定更有针对性、操作性，确保安全工作更好地落到实处，变"重视"为"重实"。

工作上落"实"。事故的发生往往不是规定的缺失，而是落实规定时打了折扣。当事者的侥幸，管理者对规定的漠视，让事故"轻易得手"，更不要说总结完善制度了。进入生产现场必须戴好安全帽，这是每个员工都应该遵守的安全规则，同时也是做好安全自我防护的必要措施。安全帽只带不戴，其危害性非常之大，笔者就曾看到安全帽救过一条命的真实事情。今年 5 月，一位电力员工正在施工现场作业，一颗螺丝钉从高空中落下，正好砸在安全帽上。幸亏他的安全帽戴得非常规范，才未造成人身伤害。之后，这位员工激动地说："还是安全帽救了我的命啊！"

技术上扎"实"。工作上，任何一个微小的失误，都可能引发风险。要杜绝事故的发生，仅靠我们空前高涨的热情往往是不够的，重要的是每个员工都要熟练掌握作业技术，提高处理缺陷的能力。在今年迎峰度夏期间，某电厂由于超满负荷运行，致使线路出现侧线夹温度过高，如果不是运行人员以精湛的技术对几百个测点细心检查，逐一测温，从而发现线夹温度过高的话，必将导致线路损毁，延误送电。由此，我们可以看到工作中仅靠高涨的工作热情还不行，还要有处理隐患和缺陷的本领。

面对一次次事故，我们总是忍不住感叹太多太多的"如果"。这些往往是每一个事故的共同特征。事故不仅是可以预防的，而且很多事故都是可以避免的。

"所有事故都可以预防。"这就是新安全观最重要的内容，有了这一理念做武器，我们才能超越传统的"事故追究型"，进入超前的、系统的"事故预防型"安全工作阶段。

安全生产是个系统工程，需要持之以恒地思考和行动，加上技术上的统一协调，才能防患于未然，为每一个身在前线的员工系好防范"安全带"。

（作者单位：河北兴泰发电公司）

让违章者先知耻

李　刚

违章是事故之源。近些年来，各级供电企业反违章的举措不可谓不多，严查力度不可谓不大，但总有一些员工频频"闯红灯"、屡屡"越禁区"，习惯性违章禁而不绝。

笔者以为，最根本的原因是部分供电员工思想麻痹，缺乏"以违章为耻"的意识。

古人云："知耻而后勇。"只有知耻了才能改正自己的缺点和过错。知耻心也是供电企业员工的立身之本。供电员工只有常怀知耻心、视违章为耻辱，才会明晓"什么该做，什么不该做"，才会对违章行为感到于心不安，才会有遵章律己之行。

那么，如何让供电企业员工深刻感觉到违章是一种耻辱呢？笔者以为，供电企业对违章行为绝不能仅仅停留在挠痒痒式的批评教育和经济处罚上，而要高举直击违章者软肋的"自尊之剑"，让典型违章人员通过员工大会、内部网络和公示栏等公开检讨，使大家体会到不遵守安全规程被曝光、颜面扫地、尊严尽失的耻辱，真正起到警示与震慑作用，从而有效形成"不愿违章""不敢违章""不能违章"的安全氛围。

（作者单位：江苏省大丰市供电公司农电公司）

我当安全员的一点心得

孟江成

作为一名电力企业安全员，每当看到一些由安全事故引发的人身伤亡通报，都非常揪心。这些都是血淋淋的教训。一例例的安全事故，犹如警钟在耳边敲响。

回想自己当安全员已有五年时间。没当安全员之前，在基层一线作业，那时的"安全"对我来说就是"三不伤害"，即我不伤害自己、不伤害别人、不被别人伤害。当了安全员才意识到，该学习和领悟的东西实在太多了。如果不学习，自己就会变成安全生产上的隐患。就生产作业中的工作票问题而言，原来外出生产工作负责人只有两三张纸，现在都快变成一本书了，如果不搞懂里面的条条框框，自己会变成"生产文盲"，何以教育其他员工，更谈不上监督生产。

真正意义的安全员，应该什么都要管，大到全所安全目标的实现，小到厨房煤气瓶的摆放标准。要实现这个目标，除了认真贯彻上级文件精神外，还要加强生产一线员工的安全思想教育和业务技能培训。在此基础上，营造安全生产的氛围也是重要一环。

作为安全员，就要以员工为根本，以人身安全为出发点，以消灭生产过程中每一个安全隐患为目的。在生产中要强调安全注意事项，部署好安全工作，督促安全措施的落实和执行，加强现场反违章检查，这样才能落实各级人员的安全职责，才能使责任和压力层层传递和落实。

（作者单位：浙江鄞州供电局）

找准安全生产中"一念之差"的症结

阮　祥

安全是一个永远不变的主题，是高于一切行为活动的重中之重，面对事故，无论是当事人还是旁观者，一定会对事发之初的"一念之差"后悔不已，那么，"一念之差"究竟差在哪里？

一念之差，差在对安全的认识不到位。因为安全意识不到位，当面对安全投入所需的人、财、物时，当面对日益临近的工期时才会忘记安全的重要性，才会把落实安全生产措施当成繁文缛节，才会把安全文明生产当成一件烦心事，才会把注重安全施工当作工期的绊脚石，才会置人的生命安全于不顾，违法违规。只有大家提高大局意识、责任意识，形成合力，才能有效落实措施，服务安全生产。

一念之差，差在存在侥幸冒险心理。当我们在安全生产工作中置"安规"于不顾，置安全防范措施于不顾，总是凭经验办事，以习惯作业，安全事故的发生则是必然。忽视安全所带来的问题和危害显而易见，它不仅违背了以人为本的理念，阻碍了各项工作的顺利进行，还可能引发一系列社会问题。所以，安全工作绝不能抱侥幸冒险心理，而应该提升执行力，落实好每一个措施，管理好每一个环节。

一念之差，差在对生命缺乏敬畏。我们大力发展电力，就是要推动社会经济发展，实现强国富民。而强国富民的目的，就是让最广大的老百姓活得更有尊严，共同享受改革发展的成果。强国富民一定是以经济发展为前提，但绝不是以牺牲生命为代价，如果生命安全都得不到保障，强国富民、构建和谐社会又从何说

起？所以，无论是管理者还是被管理者，必须懂得尊重劳动，珍惜生命，爱自己、爱他人。因为生命对于每一个人来说，都只有一次，而每个人在社会和生活中存在的价值，早已远远超出了数字所赋予的含义。

安全工作不是一朝一夕的事，也不是某一个部门或少数几个人就可以抓好的工作，而是一个全员参与的系统工程。面对当前电力部门较为严峻的安全形势，作为一名电力员工，无论自己的能力强弱，都要将安全意识放在第一位，从我做起、从身边做起，做到生产与安全两不误。

只有人人自觉遵章守纪，严格照章办事，坚持"谨小慎微"，谨防"一念之差"，紧紧把握住安全生产这一主线，才能进一步创造自己美好的幸福生活，才能使企业的发展蒸蒸日上。

（作者单位：湖北汉新发电有限公司）

敬畏岗位　敬畏责任

莫文勇

在电力安全生产中，习惯性违章是一个顽疾。反"三违"，各级管理者几乎天天提、月月提、年年提，但"三违"现象总是屡禁不止。笔者认为，在各级安全管理部门和管理者继续狠抓"三违"治理的同时，还迫切需要广大一线职工切实提高对习惯性违章危害性的认识，做到敬畏岗位、敬畏责任。

部分一线职工总觉得，标准化作业执行不到位，简化一下程序，困了打个盹，被管理人员发现大不了罚点钱，不会产生什么危害后果。但这样的错误认识，导致不经意的违章逐渐演变成习惯性违章，习惯性违章次数多了，事故发生的概率也就高了。

综观历年的电力安全事故，涉及的岗位工种、违章类型各式各样。从某种程度上来说，任何一个在主要电力工种一线岗位的人都有可能违章，都有可能酿成安全事故。因此，需要每一位一线职工充分认识到自己及岗位对于安全的重要性，常怀敬畏之心，敬畏岗位、敬畏责任，以对岗位、对安全、对自己高度负责的态度，消除侥幸心理，克服畏难情绪，保持良好精神状态，一丝不苟执行标准化作业，兢兢业业干好本职工作，自觉追求遵章作业，力争在职业生涯和人生轨迹上多留光彩，不留遗憾，避免以事故责任人的身份出现在事故记录中。

敬畏岗位、敬畏责任，认真执行标准化作业，还要求广大一线职工真正把岗位工作当成实现人生价值的事业来干，而不仅仅是当作谋生的手段。只有爱岗敬业，才能真正自觉地执行标准化作业，主动与违章作业说"拜拜"。只有大家从思想上抑制违章作业，才能真正根治"三违"这个顽疾，我们的安全保障能力才能水涨船高。

（作者单位：大唐广西分公司）

安全生产检查不妨来个"回马枪"

陈 阳

近日，笔者获悉某单位安全监察部门到一线班组检查工作时，采用"回马枪"的检查方式，收到良好的效果，不禁拍手称快！笔者曾与安监人员在作业现场交流中得知，有这样一种现象普遍存在，基层单位在接到上级检查的通知后，严格执行标准化作业，所有安全措施布置得充分准确到位，而检查组刚走，一切都现了"原形"，怎么省事怎么干，怎么方便怎么来，把"安规"抛在脑后，我行我素，回到平常那种懒散松懈的状态。究其原因：上定政策，下找对策，长此以往，安全生产就无法得到有效监督，安全隐患就不能被及时有效地发现整改，终将成为影响安全生产的大敌。

开展安全检查的目的是为了及时发现隐患，督促大家在平时工作中认真执行各项规章制度，消除不安全隐患。倘若此时我们的安监部门能趁其不备及时地杀个"回马枪"，对隐患跟踪复查，将有利于尽快走出"检查前突击整治，检查中成绩斐然，检查后死灰复燃"的怪圈。那么各种安全隐患问题将彻底暴露无遗，给那些抱以侥幸心理的人当头一棒，让他们得以警醒，从而彻底摒弃侥幸心理，纠正各类不良行为，让问题无处藏身，踏踏实实地搞好安全生产。

笔者认为，眼下安全生产月活动虽然已经结束，但是"安全生产，警钟长鸣"，来不得半点马虎，对重点单位和场所更要重复检查，决不能由于安全生产月活动的结束而让安全生产大检查走过场，各级安全检查部门不妨多尝试这种"回马枪"的检查方式，或许能起到事半功倍的效果。

（作者单位：辽宁朝阳供电公司）

安全生产必须"君子慎其独"

谭德恩

"事先给同事们都打个招呼，这个月是安全生产月，经常把安全帽戴起啊，上面检查说来就来。""快把烟头灭了，领导马上就要来了。"……这样的"被安全"场景和声音，在全民最重视的安全生产月期间的一些生产一线仍不鲜见。

由于"没人看见"，忽视了安全防护用品的穿戴；由于"没人看见"，习惯性违反正确操作规程；由于"没人看见"，可以艺高人胆大、随心所欲。于是乎，有人"敢"酒后驾车超速，有人夜间值班"敢"与周公约会，矿井下作业有人"敢"抽烟喝酒。

古人云："君子慎其独。"意思是，"没人看见"时也要严格要求自己，遵守各种行为准则和道德规范。作为电力行业的员工，我们应该继承和发扬老一辈电力人敬畏安全、时刻遵守各项安全规章制度的工作作风，发扬"自警、自省、自律"的精神，在"没人看见"时，依然脚踏实地地履职尽责，发扬电力工人高度的主人翁责任感，自觉坚持标准，从四个方面做到"一个样"：黑天和白天一个样；坏天气和好天气一个样；领导不在场和领导在场一个样；没有人监督检查和有人监督检查一个样。

即使一个团队、一个班组、一个人单独执行任务，也能保障实现零事故，干出来的事情也一定是漂漂亮亮的，经得起任何人与任何标准的检验，能达到最好的预期效果。

（作者单位：湖北巴东县野三关镇供电所）

补牢莫待亡羊后

韩　辉

"亡羊补牢"这则经典寓言耳熟能详，但面对屡禁不止的安全事故，我们不禁质疑：补牢何必亡羊后？生命只有一次，没有下不为例，我们应当居安思危，见微知著，解读事故规律，做好预防"文章"。

首先，要把"无事"作为"有事"的预控。电力企业应采取多种形式提高员工的安全认识。在教育内容上，注意抓住根本，突出重点；在教育形式上，采取灵活多样、喜闻乐见的形式，普及安全生产常识；在教育方法上采取集中与分散、会上与会后、先进经验与违章事例、理论与实践"四结合"的办法，形成人人讲安全的局面。

其次，要把"小事"当成"大事"的抓手。电力企业需要加强责任心的，通常是看似无大碍的小节之处。要把隐患当作事故抓，要把苗头当作问题看，要把"小洞"当作"大洞"补，以小见大，抓小防大，把问题和隐患消灭在萌芽状态，从而有效预防事故的发生。

最后，要把"坏事"变为"成事"的基础。各级电力企业要以职代会表决的法定形式，通过员工安全生产"红线"制度，对员工严重违规违纪行为进行集中描述，界定和明晰员工在安全生产方面的行为禁区，规范作业行为的底线。同时，加强各级领导和安监人员的督查责任，落实"严防、严管、严处"的"三严"要求，确保安全规章制度得到无条件服从和"百分之百"执行。

（作者单位：安徽五河供电公司）

安全管理甩掉"松紧带"

智小兵

在安全生产月期间，我们时常看到，部分单位安全生产抓得紧，安全警钟敲得响，员工安全意识的弦也绷得更紧。但安全生产月一结束，安全生产放松了，安全警钟不敲了，还有的员工认为安全生产月结束了，终于可以放松一下。

上述现象属安全生产"松紧带"管理，在日常工作中屡见不鲜。上级领导来检查，安监部门突击治理抓安全、完善制度、治理设备，将安全生产的重要性和必要性体现得淋漓尽致；待领导检查过后，安全管理又回归从前。

事故发生之后，安全管理立刻上紧发条，分析事故原因、排查治理隐患等活动接踵而来，轰轰烈烈过后，渐渐偃旗息鼓。

安全生产关系稳定大局，关系企业发展，关系家庭幸福，是一项应该常抓不懈的工作。安全管理也能像"松紧带"一样，因势而紧，因人而松，平安无事的时候将安全甩之脑后，发生事故之后再立刻拉紧，如此反复，安全生产事故也会频频发生。安全生产管理需要坚持不懈的精神，需要持之以恒的态度，需要一以贯之的作风，需要时时刻刻上紧安全"弦"，事事处处将安全放在首位。只有人人对"安全第一"的安全思想认识根深蒂固，甩掉安全生产管理的"松紧带"，坚持以科学化、常态化、标准化的严格管理抓好安全生产，才能形成安全生产管理的常态机制，这样才能筑牢安全生产的基石，筑起安全生产的大厦。

（作者单位：中电投华北电力工程有限公司）

安全管理不是"吼嗓子"

胡 星

"安全重于泰山""安全生产、人人有责"……一系列安全生产方针、口号时常在安全教育中被提到。但真正要把安全生产搞好，这些就够了吗？如何在安全生产这场大戏中把握好角色、唱好戏，不是吼两嗓子就行的。当然，嗓子要吼，但吼得好不好，关键看台下准备得好不好，充分不充分，正所谓"台上一分钟，台下十年功"。安全管理亦应遵循此原则，看得多说得多不如做得多。

继电保护在电力系统里是精细活，班组管理更应做好幕后准备工作，将安全管理关口前移，工作做好做细，防事故于未然，幕前的戏才能唱得好。

首先，转变职工安全生产观念。在强化现场安全的同时，要让职工认识到安全生产不是为谁做、做给谁看，而是为自己做。其次，利用现代先进技术手段进行安全管理。要充分利用现代信息技术，提高安全管理效率和现场工作及时率。最后，强化现场安全，打牢专业技术基础。工作中把握安全的第一因素是人，只有专业知识扎实了，才能保证安全，因此，要做好安全培训工作，必须严格杜绝违章指挥、违章操作，克服麻痹大意和经验主义，全身心投入到工作中。

安全生产是一项长期的工作，电力安全生产关系着千家万户的幸福安康、各行各业的兴旺发达。

保证电力安全生产，是我们每个人的责任。所以，我们应当坚持每个月都是安全月，每一天是安全日，每时每刻都把安全放在第一位。

（作者单位：贵阳供电局变电管理一所）

优秀奖

安全工作莫唱"独角戏"

张海生

近段时间以来，由于迎峰度夏工程较多，笔者经常在施工工地看到这样的情景：施工场面庞大，一个施工现场往往有几个部门联合开展工作，施工人员繁杂，施工场面不免有些混乱，你做你的活，我干我的事，彼此互不关照，犹如上演一台台"独角戏"。

安全生产是一项全局性的工作，不是一两个人的事，需要你我他树立"一盘棋"的思想，共同参与安全生产，共同夯实安全根基，共同维护良好的安全稳定局面。若是各行其是，就会造成"一招不慎，满盘皆输"的局面。事故发生的原因是多方面的，但究其主要根源，在于安全生产链的某一个细节发生了问题，身处其中的员工因安全责任缺失，没有及时发现安全漏洞，最终导致血淋淋的事故。

安全生产事关一个企业的发展大局，也是建设和谐社会的需要。在安全生产过程中，企业的每一名员工都要树立大局观念，努力营造"我为人人把安全、人人为我安全护航"、互相关心安全的良好氛围。

同时，企业、部门、班组之间以及党政工团之间要围绕"安全"两字做文章，形成多方联动机制，力争尽到自己的安全职责，形成安全合力。只要五指发力，众志成城，良好的安全生产局面就会坚如磐石。

（作者单位：河南省襄城县供电局）

安全培训不能"剃头挑子一头热"

韩　辉

开展安全培训是提高防范意识、实现警钟长鸣的有效抓手，但安全培训如果脱离了职工的实际需要，"剃头挑子一头热"，其结果必然作用不大、效果不佳。

因此，电力企业要采取多种形式提高员工对安全培训的认同度和参与度。

一是在培训内容上，避免出现"一厢情愿"的培训模式，要本着"按需培训、重在实用"的原则，向职工发放培训需求征求意见表，了解职工的真实"口味"，在充分了解职工所需所缺后，再确定培训计划。

二是在培训素材上，注意抓住根本，突出重点，提高认识，解决问题。如：在安全例会上，除了对本月的安全运行工作进行分析和布置外，还要组织分析各种违章案例，让大家从思想上引起高度重视。

三是在培训形式上，采取灵活多样、生动活泼、群众喜闻乐见，容易接受的形式。如：通过小品、演唱、三句半、诗朗诵等组成的文艺演出和安全警句创作、绘画、书法、照片等安全宣传专栏，普及安全生产常识，充实安全生产知识。

四是在培训方法上，采取集中教育与分散教育相结合、会上教育与会后教育相结合、先进经验与违章事例相结合、理论教育与实践教育相结合等"四结合"的办法，形成人人讲安全，事事讲安全的局面。

（作者单位：安徽五河供电公司）

让安全生产成为职业良习

林文钦

在供电企业的安全管理工作中，每当谈到习惯时，人们似乎总是联想起习惯性违章、习惯性动作，很少会想到习惯性按章操作、习惯性干标准活和习惯性安全生产。在日常的电力生产中，由于习惯性违章违纪而导致事故的发生实在太多，也使企业和家庭付出了很多的代价。从笔者手中掌握的安全生产信息来看，在供电企业发生的各类事故中，因习惯性违章而引发的事故占到相当大比例。

从电力事故发生的根源来看，是因企业"重视安全"总是"雷声大雨点小"，一些员工未养成安全生产的常态观念和规范行为。因此，只有当安全理念变成每位员工的一种自觉意识时，企业才能实现真正的长治久安。

让安全理念转化为习惯，理念教育是行为养成的前提，毕竟让员工接受一种理念不易，再让它转化为职业习惯更难。因此，企业要把着力点放在规范行为的养成上，用安全理念规范日常安全行为的自觉性。要进一步提高职工群众的安全意识，"让安全成为一种习惯，让习惯变得更安全"，将平时强制性的安全生产变成职工自觉自愿的自律行为。

众所周知，习惯是一把"双刃剑"，良习收获良效，恶习导致恶果。从企业行为学上说，员工的习惯作为一贯的举止，经年累月地影响着我们的生产行为，影响着企业的安全，维系着生产经营的成败。"前车之鉴"告诫我们，把安全生产行为培养为员工的一种良习，所有事故都可以预防，很多事故都可以避免。显然，

安全生产行为这种良习不是一日两日形成的，靠的是坚持不懈的培训、教育、检查、监督，让每位员工用心去牢记安全、用行动来诠释安全，只有在观念和实践上都重视安全的内涵，自身的生产行为才会形成一种安全习惯。

如何让安全成为企业全员的职业良习？首先，要对员工开展常态安全教育培训，培育"越是安全的时候越要讲安全，越是顺利的时候越要查隐患，越是平静的时候越要找问题"的良好观念，并由此养成员工"我要安全"的潜意识。其次，经常性开展大规模的、群众性的安全文化活动，以"安全进岗位""安全进班组""安全进家庭"等为活动载体，大力宣扬"让安全成为一种习惯，让习惯变得更安全"的理念，并使之在员工头脑中得到潜移默化。第三，在电力生产中严格执行"两票""两规"，全面落实各项安全管理制度和措施，养成良好的安全习惯，使安全生产从他律向自律转变，从被动向主动转变。第四，要加大施工作业现场的监督检查，重拳出击反"三违"，特别是加强反习惯性违章的力度，对屡次犯错误的人，应责令其停岗学习直至培训考核合格方能重新上岗。第五，企业要引导职工正确认识和掌握安全生产规律，提高员工的安全素质，熟练掌握本职岗位所需的安全操作技能，可经常性组织岗位练兵和技术比武，大力提高"我会安全"的能力。

（作者单位：福建宁德电业局）

安全管理要"三动"

邓子文

当前，基层供电企业的生产和建设工作较多：低电压改造、整改消缺工作、网改升级工程等，工作任务较为繁重，且点多面广。由于受人员力量、条件等因素制约，监督体系未必能对所有现场进行监管，而失去监管的工作现场有安全风险存在的可能，企业安全管理距离"可控、能控、再控"的目标仍有一定差距。因而基层企业要不断创新工作思路和方法，以抓好"三动"为载体，抓好企业的安全管理，从而实现企业安全生产的长治久安。

首先，企业发力要主动。安全生产是企业的生命线，因而企业在安全管理上要坚持刚性原则。一要加强员工对《安规》等相关安全规章制度的学习、培训和考核，考试不合格者不允许上岗；二要加强员工业务技能培训，让员工掌握与工作岗位相匹配的工作能力；三要严格监管。通过领导到现场检查等工作方法，严防死守，处理好作业现场的"安全关"。

其次，抓好员工和企业的互动。企业要摆脱以往单调、枯燥的"我说你听式"思想教育方法；宜采取典型案例教育、现身说法等形式，寻找与员工思想上的"共鸣点"，铸牢员工的安全意识。

让员工明白安全生产不仅是企业的需要，更是员工的自身需要。因为，每位员工都是自己家庭的重要成员，是家庭的重要支撑，必须在思想深处牢牢树立生命至上的理念，扭转对企业在安全管理和监督上的抵制思想，将安全意识内化于心、固化于行，在管理上与企业保持同频共振。

最后抓好员工家属与企业的联动。员工是社会的一分子，在

业余生活和社会交往中，心理容易受外界因素的影响和干扰。近年的实践表明，一些安全事故的发生与员工八小时以外的家庭生活或社会活动中所产生的心理影响有着直接或间接的联系，因此，在抓好员工八小时以外的安全管理上，需要加强企业与员工家属的联动。

企业可以采取邀请员工家庭成员到工作现场观摩"另一半"的工作情况，增强其对电网企业工作"双高"（即高空作业、高危险行业）性质的了解，理解"另一半"工作的责任和辛苦。从而在家庭生活中积极营造和谐氛围，避免家庭成员带着情绪上岗。另外，家庭成员发现员工情绪不佳时要及时叮嘱和进行亲情提醒，并和单位取得沟通联系、反馈相关信息，协助供电企业做好八小时以外的编外安全"监督员"，杜绝潜在的安全风险。

（作者单位：蒙城供电公司）

警惕影响安全的三种现象

江 镇

生活中有许多寓意深刻的故事，引人深思。结合当前容易诱发不利安全工作的某些现象，笔者认为与之相仿的行为和结果亦不鲜见，个中哲理，发人深省，当警钟长鸣。

一是"凉水煮蛙"现象。有一个古老的试验，将一只活蹦乱跳的青蛙投进热水锅里，青蛙会立即跳出水锅；如果把青蛙放在凉水锅里，再用火慢慢加热，青蛙竟然一动不动，舒舒服服地待在水里，等它感觉到危险想跳出来时，已无力逃生。

"凉水煮蛙"现象，究其根源是思想认识上的错误，对所处环境的变化洞察力不够，存在麻痹大意思想。我们绝大多数安全事故皆是人为因素造成的，因事故责任者思维已成定式，认为以前都是这么干过来的，也没出事。一直不把习惯性违章当回事，认为细节无伤大雅，"凉水"烫不伤人，以致愈演愈烈，最终酿成事故，悔之晚矣。

二是"破窗理论"现象。多年前，美国斯坦福大学心理学家詹巴斗进行了一项试验。他找了两辆一模一样的汽车，一并停到了社区。他把其中一辆的车牌摘掉，并把顶凿开，结果不出一天，这辆车就被人偷走，另外一辆车摆了一个星期安然无事。后来，詹巴斗用锤把安全的那辆车的玻璃砸了个大洞，结果几小时后车也不见了。

"破窗理论"反映出完善制度建设体系的重要性，发现安全风险的存在，如果不及时补救，将会导致意想不到的后果。电力行业之所以存在安全事故频发的现象，究其原因是安全制度执行不

严、监督不到位、对隐患整改不到位，从而给安全隐患留下滋生空间。所以，在安全工作中必须针对多发、易发状况多下功夫，确保制度体系"固若金汤"。

三是"老鼠困缸"现象。有一个故事，一只饥饿的小老鼠遇到了盛满大米的米缸，小老鼠兴奋不已，每天跳进跳出，想吃就吃。但是随着缸里的米一天天减少，缸口和米之间的距离一天天拉大。当缸里的米吃得所剩无几时，小老鼠最终因缸太高无法跳出，困毙缸中。

"老鼠困缸"的现象给我们的警醒是：做任何事情，都应把握一个"度"，超越了"度"，事物将会发生质的变化。有的电力企业开展安全工作常常是事故发生后，才忙于启动惩处机制。而对"小事故""小错误"睁一只眼，闭一只眼。殊不知，小事故、小错误若查处不及时、惩处不到位，往往会成为引发大事故的"导火线"。

反之，假若小事故、小错误及时惩处了，便会起到事半功倍的"小惩大戒"之功效。因此，狠抓安全必须将关口前移，力争做到早发现、早处理。

（作者单位：江西乐平供电公司）

安全就是力量

吕永亮

对一个企业而言，质量是效率，创新是源泉，而安全永远是第一位的，是永恒的主题。

安全就是力量，特别表现在：其一，但凡安全工作搞得好，而且敢于同违章行为作斗争的职工，本身就是安全生产中的典型或楷模，他们不仅自己遵守安全规章制度，工作不出纰漏，更欢迎别人挑毛病、找不足，形成一股不可抗拒的力量。其二，重视安全者必然会受到广大职工的极大尊敬，因而在职工中享有很高的威信，从领导到职工，大家敬佩他、信服他，他自然会在实际工作中迸发出巨大的感召力量，在一些重大的险情面前，会带领职工群众做到"手到病除"，而不注意安全的人，极有可能手忙脚乱帮倒忙，人家焉能信服于他，又岂能听从他的指挥。

安全就是力量，还表现在：生产安稳了，经济效益增长了，职工腰包鼓了，势必会更加关注企业的发展和命运，这样，安全工作的凝聚力自然就会增强，大家也不再因生产被动而成天忙得焦头烂额，反而可以腾出时间多搞一些精神文明、安全文化建设活动，从思想上提高认识，增强责任感和使命感，不断地从根本上调动干部、职工保证安全的积极性，从而更好地保障企业的安全生产。

安全就是让广大职工树立安全意识、提高安全能力，形成良好的安全行为习惯，树立强烈的安全责任感和使命感，只有这样，我们的企业才会有长治久安的动力源泉。

（作者单位：内蒙古巴彦淖尔电业局）

安全工作切忌"多一事不如少一事"

陈　阳

六月，是安全生产活动月，也是系统内春检工作的高峰阶段，安全生产任务繁重。

今年年初，国家电网公司部署开展了"安全年"活动，各单位都在按照工作要求如火如荼地开展各项安全活动，都把安全稳定放在了更为突出的位置。然而，近期笔者与一些基层所站员工交谈时，发现有极少数员工认为，抓安全反"三违"是领导、安监部门及安全员的事，与己无关，"多一事不如少一事"。

电力企业如同一艘巨轮，每位员工就像一颗颗螺丝、一块块零件，任何一个环节出现问题都会是致命的。"多一事不如少一事"折射出的是一种消极的工作态度，是责任心的缺失。究其原因，就是"私"字当头，考虑个人的多，考虑别人的少，所以遇到违章行为不管、不问、不纠，事不关己高高挂起，以"睁一只眼闭一只眼"的消极态度来对待。殊不知，在施工作业中，给同事一个及时善意的提醒，可能消除一次事故隐患；一个微小的举动，可能给他人带来巨大的帮助。

安全生产，人人有责。笔者认为，安全生产工作每个人都责无旁贷，应"少一事不如多一事"。"少一事不如多一事"反映出的是一种责任、一份爱心，也是每个员工应尽的职责和义务。只要我们在安全生产工作中坚持"少一事不如多一事"这种理念，尽职尽责，精诚合作，广大员工就会多一份平安，真正达到天天都是安全日，月月都是安全月，年年都是安全年，始终保持良好的安全形势，电力企业的安全生产才能得到保障。

（作者单位：朝阳供电公司）

切莫"雨过地皮湿"

韩 辉

众所周知，安全管理的成效既依赖于制度的科学制定，更取决于制度的有效执行。面对安全生产月，绝不能仅仅满足于"雨过地皮湿"，要抓落实、动真格、求实效。

古人云："天下之事，不难于立法，而难于法之必行。"与制度本身的漏洞造成的损害相比，那些不执行制度或简化执行所造成的损害才是难以估量的。其结果将直接引发员工对制度的不信任：一边是制度建设的高歌猛进，一边是对制度执行的不良预期，这使得员工对制度的敬畏大打折扣。制度面前的"雨过地皮湿"，只会让员工怀疑制度的权威和效率，进而产生麻痹思想和违章行为。

抓落实要从小事抓起。如安全帽戴得是否正确、工具用前是否检查、工作票是否完备、工作监护是否到位、工作人员的情绪是否稳定，等等。正是这些细微之处，关系着小至财产损失，大到生命安危。试想，如在每一起违章作业中，都对擅离岗位、玩忽职守、违章违纪的个别职工提出严厉批评，那么职工还敢以身试法吗？事故还能如影相随吗？

动真格要从执行抓起。要对违反安规的行为实行"零容忍"，确保安全规章制度得到无条件服从和"百分之百"执行。在执行过程中，对违规现象，要敢于直面问题，准确、到位、公开地点评工作中的不足，批评不良倾向，提出整改措施。对明知故犯、屡教不改的违章行为要及时"亮剑"、决不姑息，让其"丢面子、丢票子、丢位子"。

"制度必须执行，不可下不为例。"只有这样，我们的安全生产才能取得预期的效果。

（作者单位：安徽五河供电公司）

安全生产胆子不妨小一点

董　巍

又到了一年一度的安全生产月。这一年来，噩梦般的安全生产事故并没有远离我们，生命之花的凋零、机组设备的损坏等我们不愿看到的事故仍然在用最惨痛的教训敲响着警钟，但并不是所有人都认真听取其中的警示之音。

剖析各类事故的直接原因，可能林林总总，但根本原因还在于"人"。安全生产的核心是"人"，关键是"落实"，"人"是制度的制定者和执行者、是设备的维护者和操作者、是生命的监督者和保护者，"人"承担着最重要的"落实"之责。但在发生的各类生产事故中，从来都不缺少胆大妄为的人，事故之所以能够发生就是因为一些人的胆子太大，视安全如儿戏，视制度如摆设，无论是艺高胆大，还是无知妄为，都是社会、企业和身边人的不幸。

有一种人容易犯"经验病"，自己工作时间长、实战经验多，于是在作业时不严格按照相关规定开展工作，执行"两票"总是出现不按要求操作，甚至是无票作业等违章行为，更多的时候是"凭经验办事"。安全事故是不以"经验"为转移的，只有不折不扣地执行制度，才能让隐患和缺陷"法网恢恢、疏而不漏"。

有一种人容易犯"无知病"。由于相关职能部门管理不严，导致一些安全生产技术水平不达标的人进入现场作业。于是，在操作时，这些人只能"摸着石头过河"，不知道如何正确操作，也不知道每一步操作的作用是什么；在缺陷发生时，无法对缺陷进行及时准确地判断，以至于缺陷演变成事故，在事故应急处置时，更是茫然无措。

（作者单位：大唐太原第二热电厂）

夏收季节严防"焚烧秸秆"

刘晶东

要想企业安全发展，就必须对隐患积极排查治理、提前采取防范。当下的六月正值夏收季节，部分农村地区农民在电力线路通道焚烧秸秆的现象仍时有发生。焚烧秸秆会造成极大的安全隐患，供电企业必须提前防范，一刻不能放松。

首先，加强媒体的宣传。可通过报刊、电视新闻、乡镇广播、流动宣传车等形式宣传防焚烧行动，对处于田间地头的电力设施增添悬挂防止秸秆焚烧的警示标志牌，营造电力设施保护的舆论氛围。

其次，利用专业巡视和维护的机会，依靠电力设施就地护线组织，摸清重点区域秸秆面积，对输电线路通道附近有秸秆及易燃物品堆放的，及时进行清理。增加巡视次数，尤其在焚烧秸秆比较集中的时段要集中护线力量，必要时派专人进行蹲点守候。

再次，为防止因电力线路通道内焚烧麦秸秆引发的输电线路跳闸和火灾，需建立完备的处置方案，力争在事发第一时间内赶到现场尽快恢复输配电线路正常运行，将事故损失降到最低。

最后，联系政府部门建立火警信息通报制度，加强对麦田秸秆焚烧的管理。发挥警企联动机制，采取有力措施，对不听劝阻在电力设施保护区焚烧秸秆的人员请警务室出警制止，加大对焚烧秸秆的查处力度，对因焚烧造成电力设施破坏的个人追究相应的法律责任。

（作者单位：安徽凤阳供电公司）

以人为本保安全

崔爱国

作为供电企业，安全是企业永恒的主题，在长期的工作实践中，企业形成了具有鲜明特色的安全文化。在"可控、能控、在控""隐患不除，违章不禁，事故终究要发生"等一系列安全理念中，人是这些理念的主宰者。以人为本，即是从人的心理出发，从心理学的角度来防微杜渐，预防各种事故的发生。

人的心理活动与操作过程中是否执行规章制度密切相关。如登高的过程中需要动作的协调，不能分心，一旦分心就容易造成事故。又比如，每个人都有周期性的生物钟，有精力旺盛的时候，也有萎靡不振的时候。当生物钟出错期间，人的精神会不集中，容易埋下安全隐患或引发事故。

提高电力职工的生活质量、减少事故隐患，要从提高职工的主观幸福度入手，目前保证安全成效特别明显的工作主要是做好人的工作，特别是思想工作，因为人的主观能动性是确保安全生产的决定性因素。正是基于这种认识，电力企业在以提高人的安全意识、安全理念为核心，以严格的管理制度、操作规程为支撑，以科学的思维方式和良好的行为习惯为保证的基础上，需注重从心理上和安全文化上滋养和渗透，来提升职工的安全理念，在建设和谐企业的今天，在安全教育和文化管理上可以尝试更多的亲情管理。通过给一线生产单位拍摄"全家福"照片、举办安全文化专场演出、亲人发送安全提示语短信、给员工发放带有安全警句的水杯等多种形式，构建亲情安全文化。同时，依据工作中常出现的习惯性违章等不安全行为，还可以自编、自导、自演以安全生产为主题的文艺小节目，包括小品、快板、相声、说唱等节目，内容活泼、形式多样，紧扣电力安全生产教育的主题，贴近实际，寓教于乐，使员工能在轻松愉快的氛围中接受安全教育，增强安全意识。

通过安全文化的构建，潜移默化地影响员工，树立社会和家庭的责任感，增强职工的安全生产意识，从思想上、认识上、行动上筑起牢固的安全堤坝，形成重视安全、维护安全、保证安全的良好氛围，实现从"要我安全"到"我要安全"的飞跃。

（作者单位：山东省东营市利津县供电公司）

安全预案就要落在实处

张　维

　　为预防安全事故发生，提高员工安全意识和技能，很多单位针对各自的行业特点都相继出台了安全预案。

　　所谓安全预案，就是假设事故来临之时，员工要运用娴熟的预备方案，努力把事故损失降到最低。比如，消防安全实战演习、发电企业的反事故演习等，这些都是有备无患的安全预案练习。有了安全预案，遇到事故发生，或是在事故发生之后，员工们才能做到处变不惊，并能沉着冷静应对困境。

　　2006 年 1 月 30 日，加拿大萨喀彻温省一家钾盐矿发生火灾，72 名矿工因发生火灾被困井下一天多后全部获救。这起事故能有一个这样值得庆幸的结局绝非偶然，至关重要的一点，就是该矿把预案的工作做得非常到位。被困矿工和营救人员在安全生产和紧急事态处理方面都训练有素，此外，"特别隔离"等先进安全设施对矿工获救发挥了关键的作用。

　　相比之下，笔者也曾看到一些单位在安全预案上没少花功夫，但是，涉及具体落实，就有逢场作戏之嫌。有的员工根本没有把安全预案一级一级落实，没有把其当作真刀真枪的实战来演习，仅是把精细制作的安全预案当作差事应付。笔者就曾看到有一幅图片反映某单位在员工中开展消防演习比赛，有位员工一边手拿着灭火器在灭火，一边嘻嘻哈哈同身边人有说有笑，俨然就是为了完成任务而已。当我们真正遇到事故降临，甚至酿成灾祸时，总有人悔恨自己当初没把安全预案落在实处。如果将自己所学的安全知识和技能认真地运用在实际操作中，就不至于酿成灾祸了。

安全技能、安全预案都是我们日常生活和工作中必须要掌握的，尤其是在安全技能演习过程中，一定要严肃认真细致地进入角色，把每一次安全演习都要当作实战演习，只有做到"平时多流汗"，才可以"战时少流血"。

俗话说："防为上，救次之，戒为下。"无数安全事例告诉我们，在安全工作上只有时时刻刻把"预想""预演""预防"想在先、做在前，才能有效地预防安全事故的滋生蔓延，才能确保企业安全工作的万无一失。

（作者单位：皖能铜陵发电公司）

安全管理切忌"四紧四松"

何振华

抓安全，各企业都有很多方法和措施，但效果不尽相同。目前，在安全工作中存在"四紧四松"现象，对此，各单位应引起高度重视。

一忌上边紧，下边松。调查表明，在贯彻落实党和国家的安全生产方针、政策和各级领导对安全工作的指示精神以及狠刹"三违"查处隐患的工作中，中层以上领导抓得紧，大会讲，小会说，反复强调。但是到了车间、班组，仍是"重生产而轻安全"，对"三违"现象睁只眼、闭只眼，不出事故就算了，结果使许多安全管理措施失灵。

二忌喊得紧，抓得松。对生产中出现的"三违"现象，职工群众都深恶痛绝，各企业上下虽说都制定了比较严厉的惩罚制度，但在实际的反"三违"工作中，鉴于人情关系等，不敢真抓实管，使安全工作不能落到实处。

三忌一时紧，一时松。抓安全必须持之以恒，一抓到底。然而"检查来了一阵风，检查过了就放松"的毛病仍普遍存在，结果是欺骗上级、坑害自己。

四忌生产条件差时紧，好时松。工作环境不好，条件差时，能引起领导重视，职工警惕，扎实稳妥地过难关。相反，较好的生产环境，往往会导致职工疏忽大意，痛失"荆州"。

（作者单位：辽宁锦州供电公司）

建设安全自信文化

沈哲文

安全自信文化建设是一个系统工程，是特定群体的共同价值观、心理习惯和群体行为模式，树立"自我约束、自我控制、自我调节、自我防范"的理念，把每一个员工的个人安全行为固化为集体的安全行为模式。

近期，笔者读了一本《电力行业事故案例汇编》，分析事故原因多为自信不足、操作瞬间思维出现混乱导致。因此，建设安全自信文化，十分必要。

建设安全自信文化，推广强化安全心理。

强化安全心理，就是通过对一种有利于安全的行为的奖励或对一种不利于安全的行为的惩罚，从而使一种有利于安全的行为得到发扬或一种不利于安全的行为得到遏制。

建设安全自信文化，推广模仿安全心理。

模仿安全心理，就是一般员工受到安全先进事迹的感召，按照与安全先进行为相似的方式行动的一种倾向。安全先进的榜样力量是无穷的，特别是身边的安全先进，一起工作、吃饭及休息，可亲可敬，容易接受安全先进的思想，模仿起来事半功倍。笔者所在单位曾经开展过主题为"我看安全先进"的征文活动，征文不仅数量众多，而且生动活泼，读来或如清晨叶尖的露水，或如清澈溪水的小鱼，从安全先进罕为人知的点点滴滴，折射出安全先进的大气人品、严谨态度及精湛技术。

（作者单位：浙江浙能镇海发电有限公司）

安全工作要"避虚求实"

周南岭

抓好安全管理工作是促进企业和谐发展的关键、提高经济效益的基础。但眼下有的却是"口上喊、文中抓"，活动开展"轰轰烈烈"，故障、事故不断发生。究其原因，是存在严重的形式主义。抓安全不注重细节，务虚多、求实少，这个问题必须解决，否则企业安全管理工作就会逆水行舟。

笔者认为，安全管理要面向基层，深入现场，不能两眼向上抓安全。只有面向基层、深入现场，抓好生产班组的安全落实，企业安全才有保障。然而，有的企业抓安全管理不是为了夯实根基，而是做给上级看，"五多"现象十分突出，即会议多、文件多、检查评比多、工作小组多、上层活动多，这种做法必须改变。必须召开的会议要会前调研、结合实际，少说空话、多些具体；相似、相近的文件，可以归在一起落实；检查评比要突出重点，不要"走马观花"；工作小组不做摆设，要多抓贯彻规章制度的"问责"等。在此基础上，要把安全管理与制度建设结合起来，提高安全管控的有效性。

安全管理工作要从企业实际出发，不能效仿硬套，更不能急功近利，违反事物发展规律。安全工作要层层分解、层层落实，充分发挥车间、班组各层次安全管理人员的思维，结合实际抓安全。安全管理不要盲目求"新"，要实实在在抓安全，实实在在贯规、贯制。

（作者单位：重庆潼南供电公司）

让安全成为习惯

刘君红

曾看到这样一则故事：有一个剃头的小和尚，学艺之初，老和尚先让他在冬瓜上练习，小和尚每次练习完后，都随手将剃刀插在冬瓜上，手艺学成后，有一次在给老和尚剃头时，终酿成了大祸。

在为小和尚的"憨态"之举感到可笑之余，我不由得联想到电力行业的习惯性违章行为。其实这个故事更像是一则寓言，它告诉我们这样一个道理：习惯成自然。在电力这样的高危行业，习惯的力量更是会酿成惊人的后果，习惯性违章就像一颗"定时炸弹"，时刻笼罩并危及着员工们的生命安全：进入施工现场不戴安全帽、高空作业不系安全带、工作区域内不设置安全遮栏、操作前不验电……在某些"蔑视"安全的人们心中，这些担心完全是"杞人忧天"，但若长此以往，当某些坏习惯令员工习以为常，在脑子里根深蒂固时，必将后患无穷。

前车之鉴，后事之师。让我们以小和尚为鉴，彻底消除麻痹心理、侥幸心理、习惯心理，彻底根治习惯性违章行为，严守规程、遵章守纪的思想和行为深深根植于我们的手中、我们的心中，严守安全规程，固守安全信念，坚守安全责任，安全将永远伴随我们左右。

（作者单位：河南新郑市供电公司）

用责任心约束不安全行为

罗明忠

"海因里希"事故法则曾经分析证明出，人的遗传基因、缺点、不安全行为以及工作环境等一系列因素，是诱发隐患、发生事故、导致伤亡的重要原因。

结合日常安全工作，可以从"海因里希"事故法则中找出因果关联，避免安全事故的发生，这就在于开展安全工作时，要有极强的责任心。我们不能改变遗传基因，也不能改变工作环境，但我们可以克服个人的不安全行为，纠正个人缺点，杜绝自身和制止他人的不安全行为，防止隐患变成事故，这就是抓安全的必要性。事实上，安全就是企业的经济效益和社会效益，安全就是对社会的最大贡献。

发现隐患只是避免事故的开始，更重要的是及时、深入的排查。排查隐患贵在责任心，巡视检查时要看到、听到、闻到。靠责任心去规范每一位工作人员的操作行为，同时，我们有责任和义务查出所管辖区域内的安全隐患以及他人的不安全行为，这就要求排查人员对本职工作有深层次的理解和较丰富的工作经验，再由具有高超的操作技能的员工去排除隐患。

每年春检、秋检就是要求我们电力企业员工负责好自身岗位的安全生产任务，责任心要求电力员工坚持"抓小、抓早、抓事故苗头"，实施生产现场全过程监督检查，进行有针对性的隐患排查，危险部位和危险因素都应采取相应的防范措施，对有重大隐患、危险因素检测点进行全方位现场检测，检测结果全部符合国家标准。确切地说，就是要求我们要以安全责任心去排查各类隐患，用责任心约束不安全行为。

电力企业的发展要科学发展，既要用一种广阔的胸襟学习先进技术和先进管理文化，又要用科学的方法来发掘、整理企业长期实践积累、积淀出来的"本土技术"。供电所是供电企业的基层班组，班组结合自身实际来实施各种安全教育，认识到所面临严峻的安全形势，落实严格的安全管理措施，进而增强员工的岗位责任感。

各级领导干部要以责任心去规范不安全行为，牢固树立"以人为本"、"安全第一"的理念，深入一线抓紧安全，弯下身子抓紧落实，从严治企促发展，营造"安全就是最大的效益"的氛围，使职工时时刻刻绷紧安全之弦，在任何时刻都自觉做到"不安全不生产"，实现电力企业的长治久安。

（作者单位：四川苍溪供电公司）

安全管理"三法宝"模式

冯 萍

安全生产是重点，也是难点。在电力安全生产长周期的情况下，各级生产人员容易产生麻痹心理。这就要求电力员工进行反思，注重安全管理模式，找问题，对安全天数自动清零，消除一定安全周期后的麻痹心理，提高安全防范意识，实现安全生产长周期。

在安全管理上的"法宝"之一是分片包干。其核心是职能部门人员对包片单位的作业现场安全情况进行承包。每逢现场作业，包干人员都要赶赴现场并对作业过程进行监督，同时负责查抓现场违章行为。如发现违章，除处罚违章单位和当事人外，包干人员也要负连带责任，接受一定的处罚。

打造无违章班组是另一个"法宝"。在基层班组中应大力开展无违章班组建设活动，基层班组积极行动，总结好经验、好做法，"晒"出每位员工的安全责任。

第三件"法宝"则是差异化管理，追求先进、激励后进、突出差异。企业应采取按季度检查评比的方式，树立安全生产管理的先进。每个季度按专业对各生产单位的安全生产管理进行一次大检查和排名，以此作为年终评选安全生产先进的主要依据。

（作者单位：江西省新建县供电公司）

安全生产切莫迷信"经验"

林 亮

最近看过一则寓言，说的是一头驴背盐渡河，在河边滑了一跤，跌进水里，盐溶化了。驴站起来时，感到身体轻松了许多。驴非常高兴，以为获得了经验。后来有一回，它背了棉花，以为再跌倒，可以同上次一样，于是走到河边的时候，便又倒在了水里，可是棉花吸收了水，驴非但站不起来，而且一直向下沉，最后被淹死。

驴为何死于非命？因为它过分依赖"经验"，而不知这些通过"偶然"机会得来的经验并不可靠。笔者联想到了我们供电系统的安全生产，在生产过程中，有的员工不按照安全规程来操作，却发现从某种程度上讲，简化了工作程序，降低了劳动强度。由此，这些员工便错误地把这些违章操作奉为宝贵"经验"，并沾沾自喜。

按照海恩法则统计，每一起严重事故的背后，必然有 29 起轻微事故、300 起未遂先兆以及 1000 起事故隐患。因此，在这些员工违章操作中，可能一次两次没出事，十次百次也没出事，但聪明终被聪明误，在特定的生产条件下，当再次施展这些小聪明时，"经验"很可能就会变"事故"。

笔者认为，就目前来说，电力安全规程是供电系统安全生产最宝贵的经验，也是唯一的实践经验，任何违章操作而获得的经验都是"伪经验"。安全没有捷径，电力安全规程是用血的教训写出来的，只有把安全规程牢记心中，不折不扣地遵守规章制度，才是确保安全生产的根本所在。如果不能及时纠正错误思想而我行我素，结果只能像前面提到的那头驴一样死于"经验"。

（作者单位：山东临朐县供电公司）

安全生产要 "谨小慎微"

陆 媚

西方有一首古老的民歌："丢失一颗钉子，坏了一只蹄铁；折了一匹战马，伤了一位骑士；输了一场战斗，亡了一个帝国。"丢失马蹄铁上一颗钉子原本是十分细微的变化，但最后竟然导致了一个帝国的灭亡。

可见，细节决定成败。作为电力企业，安全生产工作的好坏，关系到公司的整体发展和对外形象，也直接关系到一线员工的生命安全。事故发生后，人们常常扼腕叹息："只是一念之差！"而这一念之差却是生死之别。虽说老虎也有打盹之时，但安全工作须臾不能大意，需要时刻绷紧安全这根弦。

安全生产要特别注重细微处。安全生产涉及点多、面广、线长，某个细微处出了问题，就有可能招致一个特大事故。只有建立起全方位、无死角的安全责任制度，并且确保责任落实到点、到岗、到人，才有可能杜绝事故的发生。

搞好安全要着眼于细节，增强自己的安全技能。蝴蝶效应的道理同样适用于安全生产，不可低估蝴蝶的翅膀能扇起飓风。为了个人和家人的幸福，请注意安全！

（作者单位：中国大唐广西分公司）

民工也要戴好安全帽

林 亮

　　在一处施工作业现场，十几个民工正光着脑袋抬电杆，被上级安全监督人员抓个正着。检查人员当即指出，这是典型的违章行为，要求该施工队立即停工整改，并作出严厉的处罚。现场施工管理人员辩解说："我们内部管理人员都是戴了安全帽的。这些都是当地的农民，临时请来帮忙的，工地上没有多余的安全帽。"笔者认为，这位施工管理人员的说法是十分错误的，且毫无根据。《电力安全工作规程》明确规定，任何人进入电力生产工作现场，都必须戴上安全帽。安全帽就是"生命帽"，是施工作业中最基本的安全防护用品，作用十分重大。正确佩戴安全帽，可有效防止和减轻高空坠落物砸中人体头部时对身体造成的重大伤害，同时在高空作业人员不留神摔倒时还可起到重要的保护作用。

　　安全生产的目的不仅是保护员工不受伤害，对外聘民工、技工更要多加关注和保护。大量安全事故的案例证明，民工、技工普遍安全技能不足，自我保护意识不强。因此，在基建生产作业中，必须要做好外聘民工、技工的安全技能培训，加强施工现场安全管理，杜绝安全责任事故的发生。

（作者单位：四川平昌供电有限责任公司）

安全生产需发扬"包公精神"

谭定琴　周洪伟

　　包公为官清廉、铁面无私、不畏权贵的形象深入人心，获得无数民众的好感和钦佩。在安全管理工作中，要发扬"包公精神"，坚持原则，不讲情面。对不符合安全规定的行为，分清责任、照章处理，同事之间相互监督、指正，才能从根源抓好企业安全生产。

　　管理者发扬"包公精神"才是对员工最大的爱。在安全生产管理过程中，要学习包公的铁面无私，将安全生产的责任落实到位，抓好现场的安全监督，发现违章行为不留情面，使生产现场的安全风险可控在控。员工之间发扬"包公精神"才能从源头预防事故的发生。员工之间互相监督，人人肩负起监督的责任，人人都做安全员，是从源头预防事故发生的好形式。在一家企业中，专职安全生产工作人员毕竟有限，若人人都能以包公的姿态来对待违章行为，必将可以从源头预防事故的发生。

　　在企业的安全生产中，当发现隐患或违章时，要勇于发扬"包公精神"，今日的铁面无私，就是为企业、为员工、为同事的明天撑起"保护伞"。

（作者单位：重庆市北碚供电局）

安全管理切勿雷声大雨点小

张继辉

安全，是一个老生常谈的话题。安全，是各行各业上班第一天就必须掌握的基本常识。可在日常工作中，到底有多少职员能保证时时刻刻都让安全意识赶在施工作业的前一拍呢？每个行业的安全系数都不同，电力行业也不例外。它本身就是无形的，事故一般比其他行业来得更"狠"，也具有致命的杀伤力，属于绝对的"秒杀"。公司领导在工作中强调最多的是安全，但问题出得最多的仍是安全方面。究其根源，关键还是在落实，都是雷声大雨点小，只宣传、讲口号、搞形式、少行动、不落实。"雷要大，雨也要一直下"，应从以下几方面引起注意：

一是"高仿资料"。有些单位、班组不在实际安全上下功夫，却在资料上玩起"高仿"，搞一些假安全资料。上级检查时，工作方案、活动内容、检修票、会议记录、整改措施一应俱全，可实际上是由经验凭空想象出来的。二是"表里不一"。有些单位安全管理制度一套又一套，装订成册，上墙上报都有。但在实际作业中，有些人根本不当一回事，在执行上大打折扣。三是"钻牛角尖"。由于有些工作的特殊性，安全制度里没有提及，或说明不详，安全方面只能以实际工作现场而定。可有些人总喜欢打擦边球，做尽可能省事、简单的措施，远离复杂、繁多的操作。四是"走马观花"。有些安全检查组到基层单位去检查，不深入实际，只停留在听汇报、看资料、问情况、查表面、走过场。五是"大事化小"。在安全工作中，当出现一些安全问题的人和事时，不是在"四不放过"上下功夫，而是怕承担相关责任或因人情关系而隐瞒上

级不处理，大事化小，小事化了。

安全工作来不得半点虚假，安全工作中的作假现象必须予以纠正，否则后患无穷。安全工作一定要防假打假，从"心"做起，以保证企业和员工的生命财产安全。

（作者单位：江西丰城市供电公司）

安全管理要摒弃"遮羞"心理

王旭恒

供电企业面对本单位出现的安全问题时该怎么办？态度不一样，结果当然也不一样。多年来，大多单位在安全生产管理中都习惯于大力宣扬光鲜的一面，一旦出现问题，普遍存在"遮羞"心理，结果是好了伤疤忘了疼，不能及时吸取惨痛的教训。这种"遮羞"心理体现在安全管理工作中普遍存在的错误思想和态度。

其实，安全生产中有很多特点和规律就在我们身边发生的各类教训中，只有敢于摒弃"遮羞"心理，敢于直视问题，时刻不忘经验教训，才能把问题剖析清楚，把教训领悟透彻，才能从中总结经验，让每一名职工认识到问题的严重性，不再犯同样的、类似的错误，才能少出或不出事故。

因此，在安全生产管理中我们要有敢于扯掉"遮羞布"的勇气。用"放大镜"去透视每一个安全事件、违章环节，牢记每一个惨痛教训。

（作者单位：河南省郏县供电公司）

安全生产勿作秀

何卫东

安全，人命关天，事关重大。首先应从思想上引起重视，树立科学发展的理念，正确处理好经济发展与安全生产之间的关系，把安全也当作生产力来对待，像抓生产一样来抓安全。

思想上的重视并不意味着搞形式主义。如果只把安全要求、规定印在纸上、挂在墙上、喊在口上，做表面文章，忙于形式和应付检查，这样的"重视"看起来有声有色，但势必会把安全生产工作变成空谈。

同时，我们应清楚地看到，安全生产工作是一项实实在在的工作，来不得半点松懈和大意。因此，在抓安全生产时，应多抓基层具体工作，少高高在上忙于文件会议，多在抓落实求实效上下功夫，少在讲形式搞虚名上做文章，要深入学习掌握国家的有关法律法规，到生产一线做好调查研究，真正弄清安全管理中存在的问题及根源，找出解决问题的切实办法和措施，制定出行之有效的符合企业自身特点的管理办法和安全要求，勤督促重落实，把安全规章制度落实到每一个细节，这才是当务之急、重中之重。

总之，安全生产工作是一项系统工程，只有思想的重视才会有行动上的落实。反之，行动无从谈起。目前全社会都在践行"科学发展，安全发展"的思想，要以生命为本、科学发展，才能杜绝各类事故的发生。

（作者单位：河北兴泰发电有限责任公司）

习惯性违章猛于虎

闫学诗

安全是我们电力企业一切工作的基础。在安全生产年年讲、天天讲、时时讲的今天，我们身边依然存在着的习惯性违章，已经成为影响安全生产的"大患"，成为生产过程中随时都可能伤人的"老虎"。

之所以出现习惯性违章，笔者认为：一是重习惯，轻规程。有些当事人对作业程序应遵守的规章不了解，只是凭着本能、经验、热情在干。部分职工对违章现象习以为常，心安理得。二是图省事，怕麻烦。有些作业人员认为执行规程要办手续，要使用安全工器具，既麻烦又费时，便在作业中不按流程操作，省去了保障安全的组织和技术措施，把遵章守制抛之脑后。三是心存侥幸，大胆闯。有的职工心里也明白违章蛮干是危险的，然而看见别的职工经常违章也没出事，认为自己打个"擦边球"也应该不会出现问题，于是胆子越来越大，日积月累，便使违章现象成为习惯行为。四是重生产，轻安全。有些工作安排缺少科学性和统筹性，只是一味地追求速度，造成施工单位眼里只盯着工作进度，不按标准化作业流程作业。五是应付思想。认为安全措施是做给领导看的，领导来了就按照规程做，领导走了又我行我素，给企业的安全生产带来巨大隐患。

笔者认为，开展反习惯性违章工作是我们应该而必须抓的一项长期工作。要确保一个企业的安全就要彻底消除习惯性违章，要用正确的安全理念，努力创建安全生产长效管理机制，实现企业的长治久安。

（作者单位：河北衡水桃城供电有限责任公司）

安全重在"六抓"落实

罗明忠

安全第一是电力企业永恒的主题，安全检查是电力部门工作的组成部分，如何最大限度地避免或减少各类事故，笔者认为，安全重在"六抓"落实。

安全活动检查必须"抓诚信"。电力企业要时常进行安全检查工作，办事讲究实事求是，加强安全生产监督，人人遵守规章制度，消除各种隐患，不让安全生产出现任何"真空"状态。

安全活动检查必须具有"想抓"的意识。以人为本，用科学发展观来看待安全检查工作，认真贯彻执行"安全第一、预防为主、综合治理"的安全方针，树立正确的世界观、人生观、价值观和强烈的事业心、责任心和责任感。

安全检查必须具有"会抓"的本领。要不断提高对安全活动检查工作的认识和实践操作能力，从而制定出解决生产现场安全隐患问题的具体措施。

安全活动检查必须有"善抓"的艺术。要创新开展安全检查工作，深入研究企业在市场经济条件下的新情况、新问题，结合实际，建立一套科学的、有效的安全检查体系和网络。

安全活动检查必须具有"真抓"的作风。要把抓安全检查的注意力和着眼点下移到基层，在安全事故和隐患的检查处理上做到铁面无私。

安全活动检查必须具有"敢抓"的措施，形成有效的管理运行机制。要建立、健全定期检查制度和随机抽查制度，重点检查安全生产中隐患排除等情况，严格依法办事，执行安全检查工作纪律，改进服务态度，解决群众困难，推进安全生产管理体制工作落实等方面的情况，设立安全公众举报电话、举报箱，实行动态监督。

（作者单位：四川苍溪供电公司）

安全没有终点

刘友顺

"二战"结束后，英国皇家空军的一项统计结果令人震惊——夺走飞行员生命最大的原因不是敌人的炮火，也不是大自然的急风暴雨，而是飞行员的操作失误。更令人费解的是，事故发生最频繁的时段，不是在激烈的交火中，也不是在紧急撤退时，而是在完成任务归来着陆前的几分钟。

可见，安全跟意识紧密相连。作为电力人，电网安全同我们息息相关，危险也常常与我们如影随形。也许，在执行电力紧急抢修任务时，每名员工都能按照电力规章制度操作。但面对一些小故障，可能个别习惯于"大手笔"的人就会疏忽大意了。身边无数次惨痛的事故教训一再提醒我们：作为企业，安全工作不是中心工作，但却牵制中心；作为个人，出了事故受害的不仅仅是个人，还有家庭、企业和社会。

时下正值用电高峰期和洪涝灾害高发期。电网故障频发、报修工单增多，一线电力维修人员时常会忙得"连轴转"，这在一定程度上可能会造成人们安全意识的淡化。作为企业的管理者，应该根据实际情况进行安全常识的强化教育和任务前的随机性教育，真正把安全作为头等大事来抓，作为重要工作来管，时刻营造"人人懂安全、时时抓安全、事事讲安全"的安全氛围。

（作者单位：山东省昌乐县供电公司）

人人都应牢固树立"我要安全"的意识

辜文金

在今年的一次农网改造工程安全会上，一个施工单位的代表就如何做好工程施工安全的经验交流发言时说了非常重要的两点：一是广大施工人员都树立了"我要安全"意识，二是按规定配置了安全工器具，因此确保了这个施工队伍近几年来未发生安全事故。

如果广大职工都能做到从"要我安全"到"我要安全"这样一个质的转变，企业的安全就有了保障。

然而，现实往往是，我们很多时候都是在不厌其烦地做"要我安全"的工作——开展"安全年"、百日安全活动，制定安全规章制度等，但安全事故依然频发，悲剧不断重演。究其原因，就是人们没有从思想上真正树立起"我要安全"意识。一个典型的例子就是，每当有人劝驾驶员饮酒时，大多数驾驶员的回答是"现在酒驾查得严，容易被逮住"！如果他（她）真正从思想上树立起"我要安全"的意识，那么他（她）的回答可能就是"千万不能喝，否则，无论对他人还是自己都不安全"！由此可见，"要我安全"和"我要安全"对于同一个人而言，将会是一个截然不同的效果。

因此，只有人人都真正从思想上牢固树立起"我要安全"的意识，我们的安全才有保障。电力企业作为一个高危行业，更应如此。心中有了"我要安全"的意识，就会时时处处把安全工作摆到首位，自觉地严格遵守各项安全规章制度，规范地佩戴和使用各种安全工器具，才会对他人、对自己的安全高度

负责，也只有人人都真正从思想上树立起"我要安全"的意识，安全生产才能做到可控、能控、再控。

（作者单位：重庆江津供电公司）

安全生产耍"小聪明"要不得

张晓平

　　安全生产是一项严肃的工作。然而，在安全生产工作中个别人却无视"安规"，耍小聪明、走捷径，这是极为危险的。

　　当我们对往昔的案例——剖析时，发现其原因就是程序意识淡薄、耍"小聪明"，付出的则是惨痛的代价。从长远看，"小聪明"不仅没有换来什么，相反却是害己、害企。

　　众所周知，安全是企业的永恒主题。然而，有些员工在安全问题上，不是扎扎实实地提高自我约束力，按照规程作业，而是千方百计自作聪明，把耍"小聪明"当作提高工作效率的途径。甚至还有员工为自己违章作业而没有出现问题洋洋得意，为自己"短平快"走捷径没有被发现而沾沾自喜，竟还有人将投机取巧的"经验"向别人传授。

　　殊不知，在安全上并没有捷径可走，每一条规章制度都是用鲜血和生命编制成的。走捷径，固然可以轻松一时，可无形中却为安全埋下了"定时炸弹"，一旦爆炸，后果无法想象，损失难以弥补。

　　作为一名电力员工，我们要树立正确的安全意识和程序观念，遵章守规，不走捷径，让良好的习惯变成自觉的行动，彻底杜绝"小聪明"。

（作者单位：辽宁营口供电公司）

不能靠侥幸，更不能靠运气

王　艳

最近，笔者在安全生产月安全反思会上，听到一名职工说："我前几天在作业时安全帽带没系好，被局里反违章纠察队给逮住了，事后我受到经济处罚，还在全公司职工大会上作检讨，是我运气不好，我也认了。"如今，某些供电企业的个别职工违章受到处罚后，不认真反省，而是满腹牢骚，自认倒霉，怪运气不好，这种思想是错误的。笔者认为，在没发生事故之前，能够及时发现安全隐患，准确整改，把事故消灭在萌芽状态，不是运气不好，而是运气太好。

在日常工作中，许多安全事故的发生，就是疏于管理和安全责任不落实等人为因素所致。我们应该充分认识到安全生产是一项必须坚持不懈的复杂工作。只有认真负责，把安全管理工作落到实处，彻底摒弃"运气论"等错误思想，抓严、抓细、抓实每一个安全管理环节和每一项安全责任、安全措施，才能够有效预防、减少和杜绝事故发生。

那种靠"运气"的安全思想和行为，是安全意识淡薄的表现。只有严格按章作业，脚踏实地，真抓实干，用认真负责的态度，把安全工作搞好，才能实现企业安全生产与经济效益双赢。安全工作不能有侥幸心理，更不能讲运气。

（作者单位：河南鄢陵县电业局）

安全检查也需多元化

舒永志

安全检查是电力安全管理部门的重要工作，检查的效果往往关系电力企业安全生产质量的管理水平，开展多元化的安全检查，有助于形成特色的安全管理理念和文化，以此来提高安全管理水平。

跟踪式检查，时时把握安全状况，及时发现安全隐患，立即督促进行整治整改。让现场作业人员时刻绷紧安全这根弦，养成自觉遵守安规的好习惯。

抽查式检查，针对工作点多、面广且任务繁杂分散的特点，在检查某一专业的同时，对其他专业的安全进行旁敲侧击，达到全面督促和整体影响的效果。

突击式检查，随时随刻都有人检查，可以让员工思想上实现从"要我安全"到"我要安全"的转变，做到安监人员在与不在一个样，始终如一地把安全工作贯穿于事前、事中、事后的整个过程中。

"回马枪式"检查，即在头次例行检查，提出隐患和问题，并要求执行整改措施之后，出其不意又来个 180 度大转弯，进行一次回头针对性检查。此方式能检验各类习惯性违章是否重复发生、是否仍然存在。

安全工作任重道远，建立了有效和完善的安全多元化督查机制，可以使施工现场作业得到规范，各类违章行为得到有效遏制，促进安全生产科学健康发展。

（作者单位：安徽黄山供电公司）

"防范之帆"安全起航

王会东

进入电厂第一天，笔者印象最深的就是进厂门墙上用红色的油漆醒目地写着：安全第一，预防为主。进入安全生产月，最重要的还是安全生产。安全就是平安，平安对家庭来说就是和睦美满；平安对工厂来说就是有序发展；平安对国家来说就是繁荣安定。

生命，如踏浪瀚海的航船。安全，正是那导航的灯塔，只有灯塔持久地照明，才能确保远航的顺利。平安是万家灯火，是你我窗前一束温暖的光。平安是民心工程，哪里有平安，哪里就有幸福家庭的欢声笑语。安全规章制度记在心间，不要用健康的躯体去挑战无情的危险，不要让心爱的工作成为惨痛的记忆，不要使最爱的亲人经历生离死别。

安全才是最美丽、最动人的幸福。正所谓"种瓜得瓜，种豆得豆"，扬起"安全之帆"，用关爱确保生命，用防范促进安全发展。"重视安全"是一种对待工作的态度，是一种对亲人的责任，更是一种生活境界。我们宣传电力安全，就是想唤起人们对安全的重视，提高电力人的安全技能，尽可能地做到安全入眼、入耳、入脑、入心，让我们电力人都关爱生命，使每一个部门都安全发展。

"防范之帆，安全起航。"安全应深深扎根于我们的内心，落实到我们的每一个行动之中。

（作者单位：大唐国际发电股份有限公司重庆分公司）

抓安全要"恒温"

刘新友

六月，各单位都如火如荼地开展了以"科学发展，安全发展"为主题的安全生产月活动。虽然从时间上说，该活动已经结束，但万万不可掉以轻心，要切记安全工作没有句号，抓安全要"恒温"。

安全生产是一项集长期性、复杂性、艰巨性于一体的系统任务。要抓好安全，就要实实在在把功夫下在事先防范上，任何一个环节、一个步骤的疏忽大意或脱节，都有可能直接导致或诱发安全事故。因此，要时刻保持清醒的头脑，高度重视安全工作。安全工作来不得丝毫的麻痹大意和弄虚作假，任何一名电力员工，都必须绷紧安全这根弦，加强沟通与协调。要保持对安全工作的认真劲。安全工作贵在坚持和认真。要一切为了安全，一切服从安全，宁愿为保安全牺牲，不让安全迁就人。安全不是哪个领导、哪个组织、哪个人的事，而是全体员工的事。不仅在安全生产月期间是这样，平时工作也应如此。

安全时时与你我相关。没有安全就没有企业的生存和发展，就没有供电员工的幸福生活。企业的发展需要效益，而安全是效益的保障。"遵章换得安全在，守纪方能幸福存"。也许一顶安全帽能护住我们的生命，一根安全带能维系我们的未来，而一次小小的疏忽会令我们遗憾终生。因此，在日常的工作中，我们要严格执行规章制度，遵守防护措施，保证优良的检修质量，精心操作、精心维护，增强事业心、责任心，正确处理故障，提高技术水平，确保安全生产。

（作者单位：江西省新建县供电公司）

用反违章手段保安全

沈国栋　　陈艳华

违章是电力企业安全生产的大敌和杀手，据国家电网公司近十年来的事故统计分析，80%以上的责任事故是由违章引起的。为此，开展安全生产反违章工作机制的探索，深层次地分析、研究反违章工作，挖掘违章现象的根源，并采取有针对性的措施，解决反违章工作中存在的问题，显得刻不容缓，尤为迫切。

构建反违章防控机制，首先要提高专职安监人员的准入门槛，加强安监队伍后备人员的储备及培养，组建省、市、县不同层级精良的反违章稽查队伍，对不同的施工地点开展随机且全覆盖的安全纠查。其次，要加强责任制的落实和追究，确保保证体系、监督体系和责任体系主动履责。把反违章纳入安全生产责任制考核，使安全生产责任制的约束作用和经济责任制的激励作用有机地结合起来。最后，要建立反违章联络员制度，保证生产、调度、基建、营销等专业互动。强化调度、生产技术、基建工程、营销等四个职能部门安全职责，保证监督现场安全措施落实到位。

反违章工作是一项长期的、艰巨的工作，是安全管理工作中重要的一环，既不能一劳永逸，也不能一蹴而就，应以构建"多元化、立体式"反违章防控体系为抓手，全面实施"五化三制"反违章管理模式，实现反违章工作机制的"三个转化"，即由查表面违章向查体系违章转化、由企业监督体系反违章向保证体系自我反违章转化、由员工被动接受反违章纠察向员工主动自我反违章转化，以"零违章"确保"零事故"。

（作者单位：江西省电力公司）

须加强农网工程现场管控

凌海涛

新的一年，各地农网升级改造工程依然繁重，工程量巨大，这既是改造电网、消除隐患的大好机遇，也是对现场安全管控工作的巨大挑战。外包施工队伍是农网工程的重要力量，但是由于业主单位供电企业的纵容和管理不到位，少数外包施工队伍存在无计划停电、无票工作、安全措施不完备等乱象。

业主单位需要把主要精力放在工作计划性、安全性、措施可靠性的谋划上，各工作负责人、成员、值班人员各司其职，按照自己的安全责任做事，明确现场的工作程序和应有的安全保护措施。业主单位需要强化现场安全监督，不仅要督察现场安全状况，更要督察各级领导的到岗到位、二级机构的负责人同进同出情况，坚决做到无票不工作、无周报不工作、抢修必报、现场必查。

要引以为戒的是，某些地方存在对于外包队伍资质审查不严，现场失去管理，工程质量失控，工程监理流于形式，验收把关不严等问题，必须进一步强化工程的全过程管理。项目管理者要切实履行质量监管责任，验收人员要严格按照精品工程评价标准进行细致验收，坚决做到工程项目的安全、质量可控在控，确保每一个农网工程项目不带任何隐患地投入电网运行，切实让百姓得到实惠。

（作者单位：安徽凤阳供电公司）

安全生产责任为先

刘德君

安全生产对工作在电力行业的人来说，是一个老生常谈的话题，也是一个不得不谈的话题。对于电力企业来说，安全生产永远是排在第一位的工作任务，有着不容置疑的重要地位。

在电力行业，安全与每个人息息相关，也与每个人的责任心高度相关。制度再完善、监督再严格、设备再高级、技术再成熟，都不可避免地出现这样或那样的缺陷和隐患。一条线路从外观上看，杆塔、线路、金具都合规合矩，可是如果杆塔埋深不够、基础施工达不到要求，也无法抵挡风雨的侵袭；一个故障，修复的人如果抱着应付的态度处理，就会留下后患；一项工作，做的人抵触隐瞒、敷衍了事，就达不到预期的目的和效果。

人是有情感、有思想、有智慧的主体，调动人的积极性、主动性一直是企业管理者追求的目标。增强人的责任心、使命感也是管理者期望达到的目的。当前，"以人为本"这个词被赋予了深刻的内涵，在现代管理学的理论和实践中有着越来越重要的现实意义和作用。

工作的质量和效果靠什么保证，笔者认为，起决定性作用的是人的责任心。责任心是人的优良品格的核心和基础，没有责任心，制度将成为虚设、设备将成为摆设、监督将流于形式。所以，保证安全生产，不仅要靠设备、制度和监督考核，关键是要不断地增强人的责任心，调动人的积极性和主动性、激发人的使命感，进而实现企业的安全生产和长治久安。

（作者单位：内蒙古牙克石供电局）

2013 年

一等奖

安全生产需用好"六面镜子"

江 镇

照镜子是一门艺术，更是一种修养。当前，我们在环环相扣的安全生产工作中，如能充分发挥好"镜子"功效，常"以事故为镜，以教训为镜"，就能夯实安全基础，确保安全之花常开不败。

要用好"望远镜"，认识抓好安全的重要意义。有少数人错误地认为安全生产不能直接产生经济效益，便放松了安全警惕，导致安全事故的发生。因此，各级人员对安全工作要有前瞻性、预见性，正确处理安全生产和经济效益的辩证关系，向安全要效益。

要用好"平面镜"，认真看待每一项安全工作。在安全工作中，每个人都是所在岗位的第一责任人，只有具备责任心，认真看待每一项安全工作，才会积极主动学习、掌握相关知识，开拓工作新思路。

要用好"显微镜"，透视安全隐患蛛丝马迹。抓安全生产，要时刻保持"高压"态势，用"显微镜"来观察平时不易察觉的隐患，并分析其存在的原因，以达到事半功倍的功效。

要用好"反光镜"，及时跟踪隐患整改。综观安全事故的发生过程，把别人的"事故"当"故事"往往是再次发生事故的根源。因此，要采取"回头看"的方式及时跟踪隐患整改情况，克服侥幸心理。

要用好"广角镜"，主动寻求安全监督。通过召开座谈会、安全"纠错"图片征集等形式对安全生产情况"挑刺"，全方位查找不足之处，有针对性地制定防控措施。

要用好"多棱镜"，从多个角度剖析安全管理弊端。通过成立事故调查领导小组，进一步加大"两票三制"等规章制度的执行力度，从而使安全生产管理实现"纵向到底、横向到边"。

（作者单位：江西乐平市供电公司）

班组安全会需要"元芳体"

韩　辉

"元芳，此事你怎么看？"网络走红的"元芳体"饱受诟病，但笔者认为，班组安全会恰恰需要提倡多问"怎么看"。

当前，一些班组的安全会流于形式，仅仅是念念报告，读读规程，学学文件，而省略了个案分析、集体讨论、举一反三的环节，把班组安全会当成一种形式，看成一种摆设，从而使会议效果大打折扣。笔者认为，班组安全会的重点是分析安全工作中的问题、隐患及漏洞，对会议中提到的每一个问题，学到的每一份文件，都要问一问与会人员"怎么看""怎么办""怎么防""怎么管"，而其前提就是要搞清"怎么看"。

搞清"怎么看"是为了"怎么办"。只有广泛讨论，分析透彻，才能透过现象看本质，发现问题的根本成因。因此，对待安全问题，要理性地看，客观承认，积极应对；要严肃地看，高度重视，认真对待；要全面地看，系统分析，正确把握；要具体地看，以事论事，区别对待；要发展地看，结合方向，举一反三。只有这样才能增加"怎么办"的针对性，丰富"怎么办"的多样性，提升"怎么办"的实效性。

（作者单位：安徽五河供电公司）

安全监管需要"态度"

任永礼

　　笔者近期读到两篇文章，颇有感触。《中国安全生产报》6月15日登载的一篇文章《能否用"城管之硬"医治"安监之软"？》中提到，如果说城管执法之"硬"是一种讲原则、严执法的体现，那么，各项安全管理规定形同虚设、安全监管停留在纸上，又该如何解读呢？难道只因为被执法的对象强弱有别？中国安全生产网6月21日有一篇文章《安监执法不能"硬"在态度上》中则说，安监执法的确要"硬"，但绝不是体现在执法态度上，而要体现在专业素养上。

　　城管之硬、安监之软，两者形成了鲜明对比。从媒体报道看，城管"暴力执法"引来"拍砖"无数，而一起起安全事故报道却往往不见下文，责任深究也并不多见。

　　笔者认为，城管"粗暴执法"现象必须遏制，但城管执法的讲原则、严执法、"硬"态度和"零容忍"精神应当大力倡导。而安监的"隐忍不发"态度应当受到谴责和追究。安全生产、安全监管的前提条件是人的态度，态度决定一切。同样的事、同样的人、同样的条件，对待的态度不同，结果就会不同，安全监管也是如此。

　　就电力企业安全监管工作现状而言，缺少的不是法规、制度，而是脚踏实地、严肃认真的态度。究其原因，一些安监人员说有"三怕"：一怕管不住，一线人员"歪理"多，有的还找关系说情；二怕没有管好还要承担责任，不如不管；三怕惹麻烦，在一个单位抬头不见低头见，得过且过。久而久之，"安全第一"

的方针在安监人员这里就成了小和尚念经——有口无心了。

作为电力企业的安监人员，应当摒弃"三怕"，做好"三盯"：一盯学习，常督察员工安全思想、知识、技能和专业素养的培训是否扎实；二盯设备，常了解电力设备设施的质量、健康状态和运行状态是否合格；三盯现场，常检查施工、作业现场的安全措施是否到位。只有这样，才能做好安监工作，传递出企业安全"正能量"。

（作者单位：重庆巴南供电公司）

二等奖

"夹着尾巴做人"好

陈永安

在一次安全学习会上，有一位员工非常自信地说："我们学习了好多次安全规章和规定，都倒背如流了。加之我们技术一流，安全纪录也达到长周期，不会出什么大的安全问题。"此言论一出，当即遭到众人的异议，大家都不同意这种观点。有一位员工说得很形象："安全成绩好，也不可骄傲自满，沾沾自喜，粗心大意。对待安全，要谨小慎微，'夹着尾巴做人'好。""夹着尾巴做人"，听起来似乎是一句贬义的话，可是仔细琢磨，却蕴含着深刻的道理。记住这句话，就能使我们自觉或不自觉地随时随地约束、提醒自己：在任何条件和情况下，都要用《电力安全工作规程》等有关的各种规章制度规范自己的行为，按照工作流程进行操作，不越雷池一步。

提倡"夹着尾巴做人"，并不意味着我们要失去尊严及攻坚克难的精神。恰恰相反，在安全面前，"夹着尾巴做人"就是要小心谨慎，把安全措施制定得妥帖无误，把安全事宜考虑安排得四平八稳，毫无瑕疵和缺陷。安全做好了，成绩斐然，我们脸上有光，也可昂首挺胸迈步向前，岂不更有尊严，更能说硬话？我们在日常的生产工作和现场施工中，如稍有倦怠和麻痹，事故便会乘虚而入，酿祸作乱。倘若我们时刻记着"夹着尾巴做人"这句话，用它来管教自己，勉励、鞭策自己，将安全警钟时时敲、处处敲，从不松懈，事故还哪有可乘之机呢？

（作者单位：重庆市电力公司检修分公司）

安全管理要善于"变脸"

池　洋

川剧中有一样绝技——变脸。在舞台上，演员手一扬、身一转，刹那间黑脸变红脸、白脸变花脸，高超的技艺赢得观众满堂喝彩。

笔者由此联想到，在企业安全管理中，各级管理人员要面对不同岗位、不同文化层次的职工和错综复杂的事物，要想确保安全生产形势稳定，就需要管理者善于"变脸"，针对不同的情况，因人而变、因事而变。

对于安全管理中存在的问题和漏洞、职工作业中的违章违纪以及危及电网安全的行为等，管理者要扮"黑脸"，敢讲真话，敢抓敢管，严格按章办事，不能心慈手软；对于生产生活中职工反映的问题、存在的困难、产生的疑惑等，管理者要扮"红脸"，及时了解职工的所思、所想、所需、所盼，关心职工，爱护职工，为职工排忧解难，用热心、真情赢得职工的信任和拥护。

我们相信，按照"严格管理与关爱职工"的理念，只要管理者在安全管理中有的放矢，针对具体的人和事不断进行角色转换，善于"变脸"，就能够处理好各种安全问题，从而实现安全生产长治久安的目标。

（作者单位：辽宁电力公司）

"老王挠痒痒"的安全启示

何文锋

有一个真实的故事，某企业有一名电工老王，技术不赖，工作也踏实。有时候在工作中碰到难题，偶尔头皮也会发痒，他就用手中的工具在头上挠几下。由于使用万用表频率最高，时间一长，他就养成了拿万用表的表笔挠痒痒的习惯。

一天，企业突然停电了，老王便带着徒弟到配电箱处检查故障。徒弟举着万用表，他一手拿一根表笔在配电箱内点点戳戳地排查故障。忽然，头皮一阵奇痒，他习惯性地用右手拿着的表笔去挠头，全然忘记了左手那根表笔已经戳到了闸刀的带电部位，200 多伏的交流电瞬时把他击蒙了。幸亏徒弟在旁边，才使他避免了更严重的伤害。

老王在行业里是个行家里手，但他万万没有想到，这么一个挠痒痒的小习惯却差点将他送上了不归路。在安全生产工作中，很多小习惯其实根本算不上违章，但都差点导致非常严重的安全事故。反观现场工作中的习惯性违章行为，其潜在的危害性就可想而知了。

当下，如何将安全工作继续向前推进？笔者认为：第一，要奖惩并行，全力培养员工养成良好的工作习惯，把安全意识完全固化到机械性的行为中；第二，要经常性地反思，改掉那些没有写入规章制度却在某些具体工作中可能构成威胁的生活习惯；第三，无论基层员工还是管理者，都要不厌烦、不懈怠，以"事无巨细，安全第一"的心态认真对待每天的工作。

（作者单位：山西晋城供电公司检修公司）

"三大效应"与"长治久安"

郭春燕

对于企业来说，安全是第一责任、第一工作、第一效益。笔者认为，要想"长治久安"，应当认真学习借鉴"三大效应"，即"木桶效应""鲶鱼效应"和"螃蟹效应"，并在实践中不断创新工作思路和模式，逐步夯实安全基础。

借鉴"木桶效应"，健全体系保安全。安全管理的规章制度、监督检查和追究考核体系必须健全，以"铁制度"打造坚固的安全"屏障"。在实际操作过程中要做到"主辅并举、内外并举"，不能偏重任何一方而对其他方面有所疏忽，避免企业"最短木板"的出现。

借鉴"鲶鱼效应"，警钟长鸣抓安全。必须坚持"安全无小事"，把安全生产中的每一件"小事"当作"鲶鱼"，在出现安全隐患苗头时，及时分析原因和暴露的问题，采取措施、举一反三，防止类似事故发生。

借鉴"螃蟹效应"，安全氛围要浓厚。一个人有很强的安全意识是不够的，只有每个人的安全意识都非常强，每个人都做到"不伤害自己、不伤害别人、不被别人伤害"，共同营造一个比较有效的保护区，形成浓厚的安全文化氛围，才能在最大限度上确保安全。

（作者单位：华电灵武公司）

安全生产要善于守拙

张宝义　赵　强

拙，不巧也，弄巧成拙，拙劣云云。守拙，也不是褒义词，但是用于安全生产，却大有裨益。

分析电力生产操作事故，许多都缘于不会守拙。诸如，"停电、验电、挂地线"是登杆操作的规定动作，有人却经常投机取巧，要么不验电，抑或少挂一组地线，结果酿成大祸，悔之晚矣。还有"三票两制"绝不是什么高深理论，但总有人技高胆大，凭经验行事，结果发生事故，给企业带来巨大财产损失。

凡是不善于守拙者，都是侥幸心理、冒险心理、经验主义心理在作祟。年轻人有之，年长者亦有之。年轻人冒险心理居多，年长者经验主义心理居多。这些人往往把规章制度束之高阁，工作时得过且过，不仅是对企业不负责任，更是对生命的漠视。

守拙并非难事，端正态度、脚踏实地即可。安全生产有个理念叫作"不走捷径"，其实与"善于守拙"如出一辙。《电力安全规程》是前人付出代价积累的宝贵经验，它的制定是经过深思熟虑的，是几易其稿、逐年完善的。一线员工要树立"严、实、细"的态度，只要遵章操作，就会平安无事；遗漏一项，就可能遗憾一生。

当然，守拙不等于墨守成规。在长期的电力生产工作中，若发现哪些操作步骤需要改进，哪些规程需要创新，可以形成书面报告，交由安监部门进行模拟实验，完成"从实践到认识、再从认识到实践"的检验后，再予以推广。

（作者单位：辽宁大连供电公司）

安检要少"送花"多"挑刺"

宋明刚

供电企业经常性地组织安全专项检查，以便及时发现安全管理中存在的不足并加以改进，这也是供电企业促进安全生产、实现安全长周期的有效方法之一。

然而，检查中有的参检人员往往不能铁面无私地挑"短板"、揭"伤疤"，而是充当"老好人"，讲人情，顾面子，光"送花"不"挑刺"。进行检查总结时，好的一面讲得洋洋洒洒，欲罢不能，而提到存在的不足或隐患时只是蜻蜓点水，寥寥数语，甚至欲言又止。让"五颜六色的鲜花"淹没了一触就流血的"刺"，看上去上下一团和气，实则在"鲜花"背后藏匿着的可是"棘手"的隐患，一旦酿成事故就会"刺"着了心。

检查中对安全工作好的做法应当给予鲜花和掌声，这无可厚非，但安全检查的最终目的是发现"刺"，除掉"刺"，进而使安全管理再上一个台阶。

所以，检查人员在检查中在"送花"的同时应尽量多"挑刺"，把隐蔽的、稍不留意可能就会"扎手"的"刺"挑出来，让被检查单位及时剔除，这样才能使安全检查落到实处，取得实效。

（作者单位：山东枣庄供电公司薛城供电部）

三等奖

对"摆拍"说不

陈 阳

前不久，笔者在公园里看到，婚庆摄影师为一对新人拍婚纱照。千篇一律的姿势、大同小异的构图让人觉得缺乏新意，明显的"摆拍"背景让人一眼便可识破。

由此，笔者联想到我们供电企业的安全生产工作，倘若对"摆拍"情有独钟的话，后果将不堪设想。笔者认为，安全生产管理决不能流于形式，要从源头上杜绝施工中存在的不足和安全隐患。

在作业过程中，个别施工人员安全意识薄弱，有时为了图省事或者赶进度，忽视了安全管理，突出表现在安全措施不能按要求落实，作业时安全帽等劳保防护用品佩戴不规范等。一旦听说领导来检查指导，赶紧整理"内务"，出现了各种"摆拍"现象。

时下，迎峰度夏工作正在紧张有序地进行中。要想不出问题，就要积极采取措施，增强施工人员的安全责任心。同时，安全监督管理人员要严格履行好安全职责，真正做到眼勤、口勤、腿勤，做好监督管理工作，及时纠正制止违章行为。

笔者呼吁，安全生产管理一定要"抓拍""实拍"，切勿"摆拍"！

（作者单位：辽宁朝阳供电公司）

安全工作当时时三省

伯绍军

《论语·学而》中说，"吾日三省吾身：为人谋而不忠乎？与朋友交而不信乎？传不习乎？"古人修身的三省，省的是"忠""信"和"习"。电力安全生产工作关乎生命财产，也应"时时三省"，省意识、省制度、省隐患。

一省是否有重视安全的思想意识。思想决定意识。安全意识的强弱，首先在于思想的重视与否，单纯地追求效益、质量或速度，必然会忽视安全。因此，要时刻提醒自己，真正把安全谨记心上，始终绷紧安全这根弦，才会在操作中集中精力。

二省是否牢记规章制度。规章制度是安全生产的保护神。强化安全制度化管理需要一个过程，不仅取决于员工的自身素质和认识水平，还取决于企业的内部环境和责任意识，更重要的是管理者的领导力度。把功夫下在平时，才能发挥制度管理的"铁腕"作用。

三省操作中是否有隐患点。现场操作是直接关系到安全生产的重要关口。现场操作如果有违章行为，无形中会成为引发事故的导火索。应做到时时自省、自制，做一个安全上的有心人，善于查找和发现岗位上存在的薄弱点和容易被忽视的问题，以强有力的措施消除隐患滋生的"温床"。

安全管理，人人有责，人人当自省。制度的制定者应从每一个安全事故中自省出制度中还存在哪些欠缺的地方，并不断完善；制度的监管者应时常自省如何管理才能让制度贯彻到底，无缝覆盖；制度的执行者应时刻自省各项安全规定照做了没有，还有哪些方面需要改进。全员时时自省，方能安全无忧。

（作者单位：山东文登供电公司）

"潜移默化"抓安全

冯 萍

众所周知，在所有企业中，安全是第一桩大事，直接关系到企业的发展大局，关系着整个社会的稳定大局。要确保企业安全生产，提高员工的安全素质迫在眉睫。笔者认为，用"潜移默化"的方式抓安全管理，效果尤佳。

安全生产重在防患于未然，思想上的重视是十分必要的，这是做好各项工作的基础，但更重要的是在行动上落"实"。一方面我们要处理好经济发展与安全生产之间的关系，把安全也当作生产力来对待，将各项安全制度落到实处，树立没有事故就是创造效益的理念。另一方面，应多下基层发现问题、归纳问题，让规章制度从基层来再到基层去，不断完善充实，保证规定更有针对性、操作性，以便更好地落到实处。用寓教于乐的方式提高员工的安全素质。通过组织员工进行预防事故演练、安全操作现场表演、安全知识有奖竞猜、安全生产演讲比赛、安全漫画展览、向员工家属发安全生产慰问信、观看安全录像等趣味活动，在潜移默化中使安全教育深入人心。通过寓教于乐的途径提高员工安全素质，比板着脸孔说"大道理"强百倍，更为广大员工所欢迎、所接受，将对企业安全生产起到极大的推进作用。

在安全生产中，我们应做到持之以恒，时刻绷紧"安全弦"。要自觉抵制侥幸心理，消除麻痹思想，避免习惯性违章现象的发生。对开展的各类安全活动要求真务实，不搞形式、不走过场；对查出的问题不回避，及时整改，认真反思。

（作者单位：江西省新建县供电公司）

安全监督要做到"我负天下人"

孙 状

在电视剧《三国演义》中，曹操的那句"宁教我负天下人，休教天下人负我"，使笔者颇有感触，这句话用在安全生产上，有一定的借鉴意义。

经常在电力作业现场看到这样的现象：安监人员发现"两票三制"漏项，欲开罚单，违章者便开始求情："不要罚款，下不为例吧！"督察者碍于情面，就高抬贵手。长此以往，习惯性违章终究没有得到纠正，酿成大祸，悔之晚矣。

其实，督察者对违章现象的迁就等于是当了帮凶，就是对企业和员工的极度不负责。抓安全生产要宁听骂声，不听哭声。换而言之，就是要做到"宁教我负天下人"。发现违章，执法者应及时制止并让其写出检查，让违章者感觉到"执法者"的威慑力。发现隐患，应及时勒令整改并举一反三，如此才能"排查不留隐患，人生不留遗憾"。发生事故，应坚决按照"四不放过原则"予以处理，绝不能手软，绝不许"同一块石头绊倒两次"。开展安全文化进家庭活动，签订"夫妻共保安全责任状"，让安全理念渗透到家庭，唤起家庭成员对电网企业加大安全管理力度的理解。

如此看来，安全监督中的"我负天下人"，其实是"我爱天下人"。

（作者单位：辽宁省庄河供电公司）

安全工作要"细"不可"戏"

赵　杰

近日，笔者在某供电所看到，班组台账做得不可挑剔，但设备质量却不敢恭维，这种避实就虚、放大成绩、忽视问题的做法，势必会在工作中埋下很多安全隐患。

安全生产需要的不是那些"做戏"者，而是对安全工作敢抓、敢管、会抓、善管的"做细"者。对安全生产而言，再小的事也是大事。如果对安全工作抱着"做戏"的心理，对违章抱着"睁只眼，闭只眼"的态度，久而久之，事故的发生也就是必然的了。

笔者认为，安全工作要"细"，就要在制度和机制的建立健全上下功夫，做到事事有标准，人人有责任；要在监督检查上下功夫，通过监督检查发现存在的问题，消除安全隐患；要在加大安全技能培训力度上下功夫，及时通过短期轮训、脱产学习等多种形式，组织职工学习安全生产理论和实践知识，建立一支"人人会安全、人人能安全"的高素质职工队伍。

总之，安全工作要"细"不可"戏"，要重视细微之处，从大处着眼、小处着手，用显微镜查找隐患，用放大镜看待问题。只有做到见微知著，才能避免事故发生。

（作者单位：辽宁电力有限公司大连培训中心）

莫把隐患拖成事故

崔红玲

前段时间，中储粮黑龙江林甸直属库火灾成为人们关注的焦点，78 个粮囤过火，预计直接损失 8000 多万元。

经调查，这个国家级储备粮库只有一个消防水池和一个给消防车加水的水鹤。而当被问及此事时，中储粮黑龙江林甸直属库副主任罗洪权称："因为近期非常忙，主要精力用于收购，准备下一步采取相应措施。"这个突然间发生的事故，其实是隐患一步步累积的结果。若能在事发之前勤检查、勤整改，及时将隐患消除在萌芽状态，那么很多事故都能避免。

由此及彼，对我们电力单位而言，眼下正是供用电事故易发期：天干物燥，易因放鞭炮等引发火灾，威胁电力设施安全运行；"三夏"大忙，易引发大型农用机械撞杆事故；此外，秸秆焚烧也极易造成电力线路、电力通信光缆外破事故。如此种种，都需电力单位提高警惕，不以"忙"为理由，将防范之事推到"下一步"，而是能够提前布控，通过安全用电知识宣讲、为电力设施穿上醒目的"防撞衣"、帮助新购家电的用户安装插座等举措，消除安全隐患，让事故无机可乘。

总之一句话，隐患是事故的前奏，莫把隐患拖成事故！

（作者单位：河南博爱县电业局）

严防"破窗效应"

林　亮

近日，笔者翻看一本管理杂志时，读到一篇文章提及"破窗效应"。大意是说，一所房子如果窗户破了，没有人去修补，时隔不久，其他的窗户也会莫名其妙地被人打破。

笔者由此联想到电力安全生产工作。也许有人认为，施工不戴安全帽、登高作业不做好安全措施等都是些小事，不会从根本上动摇安全生产的根基。

但是，就像破窗效应一样，在安全生产规章制度执行上，如果有一个人出现违章行为，那么这个作业群体长期营造的安全氛围将会发生变化，势必会有第二个、第三个人打破规则，直至最后发展成集体跨越"安全防线"的局面，事故发生就不是什么意外了。

因此，笔者认为，违章行为没有轻重之分，绝对不能有丝毫的懈怠。在电力生产中，我们必须要严把安全关，全面落实好安全生产责任制，切实增强员工安全生产的责任心，确保其养成良好的安全习惯。要切实做好安全生产基础细节管理，进一步加大安全管理监督力度，发现违章行为第一时间进行处理，彻底斩断导致"破窗效应"的导火索，营造"安全无小事"的氛围。只有这样，安全生产的基业才能常青。

（作者单位：山东临朐县供电公司）

安全莫嫌唠叨

刘晶东

安全，对于供电企业而言，是一个永恒不变的话题。发生事故，且不说企业的经济损失，对个人和家庭也是相当大的灾难，这是谁都不愿意看到的。

记得有位生产一线的班长说过："兄弟们和我一起出去干活，我一定要带着大家平平安安地回来，所以不要嫌我在安全方面的唠叨。"是的，那么多生产事故的发生，都是当事人思想麻痹和习惯性违章造成的，要想防止麻痹大意，他人的时刻提醒绝对是有作用的。每年下半年都有刚参加工作的年轻人来到生产一线，和师傅们一起进行工作。工作量不小，需要在安全方面引起重视。

年轻人有活力，但是活力同样带来了做事不稳重、对安全纪律不上心的隐患。

有些年轻小伙很烦听到班长、师傅们的安全唠叨，觉得他们太啰唆，好像和自己有代沟。其实，这绝不是代沟，这是血淋淋的事实。老员工们对安全唠叨都表示理解，都知道这是避免事故的"预防针"，所以年轻员工也要认识到，既然来到供电这一高危行业，成为其中的一员，就要静下心来，不要对班长、师傅们的唠叨有所厌倦，而更应该深刻认识安全工作的重要意义，理解安全唠叨背后的良苦用心。

安全唠叨是一种责任，一种呵护。青年人自己也要从中学习，接受对自己的唠叨，并主动去唠叨别人，将供电安全文化一代代传承。

（作者单位：安徽凤阳供电公司）

电工挥汗如雨令人忧

杨汉祥

最近一段时间，笔者在报刊上看到了好几篇反映电力职工为保供电而在高温下坚持上岗，并在操作中"挥汗如雨"的新闻稿，深深为电力职工这种忘我劳动、努力奉献的精神所感动。与此同时，笔者也不禁为他们的安全担忧，因为电工带汗作业也是事故隐患，对此不能大意。

人在湿脚湿手的情况下不能触摸电器，而且要远离电源，这个常识许多电工都懂。而人在大量出汗的情况下也要远离电源，这一点却往往被一些电力职工所忽视，尤其是一些露天作业的电工有时为了抢时间、赶进度，对此更容易麻痹大意。实际上汗水同样是导电体，人身上有了汗水包括其穿的衣服上沾上了汗水时，接触电源或操作电器是非常危险的，极容易引发触电事故。再说，人在大量出汗时，一般情绪很不稳定，精力也容易分散，电工在这个时候上岗作业，同样存在安全隐患。当前正值炎夏时节，电工上岗时容易出汗，这对他们的安全操作很不利。因此，电工必须加强自我保护以及安全意识，上岗时尽量让自己少出汗或不出汗；身上一旦有了汗水应及时擦干后再操作。至于基层电力部门以及配备和使用电工的单位，也要严格遵守这方面的纪律规定，同时多为电工降低劳动强度并为他们降温消暑创造条件，要想方设法不让电工"带汗作业"。

（作者单位：江苏南通市通州区纪委）

安全应念"小"字经

于 群

众多事故教训告诫我们：安全生产中的小问题如果得不到重视，久而久之就会由量变引发质变，发展成大问题，最终酿成大事故。为此，安全生产管理要从小处着眼，在"小"字上下功夫。

要树立"小题大做"的理念。千里之堤，溃于蚁穴。安全工作中任何一个环节疏忽都可能酿成事故，给国家和人民生命财产造成损失。为此，我们要从思想上摒弃小毛病不会引发大问题的侥幸心理，牢固树立"安全无小事"的理念，严肃、认真地对待安全生产中出现的每一个问题，从而及时堵塞漏洞。

要养成从小处着手的习惯。在安全生产中，对细微环节的忽视同样会影响到重点部位和关键环节。因此，一定要把目光聚焦到细节上，从小处着手，从细节抓起，见微知著，通过抓小事、严细节，让职工在潜移默化中养成良好的安全习惯。

要坚持小心谨慎的态度。安全生产必须严谨细致，杜绝粗枝大叶，这就要求我们必须坚持小心谨慎的工作态度，工作中要多想一点、多问一声、多走一步、多查一次，自觉做到"落实制度不走样、执行标准不降格"。在此基础上，还要有一颗高度负责的责任心，不放过任何一个小漏洞，善于从蛛丝马迹中发现问题，防患于未然。

（作者单位：辽宁大连供电公司）

优秀奖

"安全上的安全"从何来

王耀刚

最近，吉林宝源丰禽业有限公司特大火灾事故发生后，众多媒体质问：为什么口头上"很重视"安全生产，安全保障措施却丝毫没有安全性？结合电力安全生产工作，笔者认为，各级电力企业亦应借堑长智，举一反三。

安全通道真的"安全"吗？据此次吉林火灾的幸存者说，事发车间仅有一个侧门打开，消防通道门常年被锁。众所周知，生产现场安全通道是为便于员工应急逃生而设定的通道。若安全通道形同虚设，则比无通道更为可怕。作为电力企业，安全通道应始终保持畅通。同时，安全通道的标志也应规范、清晰，并要定期对通道设施进行检查和维护。

安全自救真的"安全"吗？据吉林特大火灾的幸存者说，车间里没有应急照明灯，没有灭火设施，即便是有也不知道怎么用。提升员工安全自救能力是减少人员伤亡的重要举措，作为电力企业也要深刻认识到，人员安全是最大的效益，供电企业要在员工安全意识和设备安全保障上下功夫，严格按照规定，完善消防设施，健全维护制度。

安全监管真的"安全"吗？经调查发现，吉林特大火灾暴露出有关部门监管责任不落实，监督检查不到位、不得力的弊端。

对此，作为电力企业，要不断完善安全监督与考核机制，实现监管与生产的全过程闭环管理，形成生产作业有人看、监督过程有人管的工作格局。

（作者单位：河南清丰县供电局）

别给安全"放假"

蔡绍平

在每年的法定假日里，各行各业的劳动者都会迎来短暂的休息，享受快乐假期。笔者认为，给劳动者放假理所应当，但千万别给安全"放假"。

电力企业属于高危行业，时时刻刻存在安全风险，在安全上来不得半点马虎。

每次假日来临，员工们大都计划着这个节日该怎么过——是回家探望父母，还是举家去旅游，或者和亲朋好友小聚？总之就是想放松放松。有了这样的心思，难免出现人浮于事、忽略安全、急于赶工等现象。综观安全生产事故案例，我们不难发现，很多安全事故都发生在节假日前夕、安全生产日等时刻。

如何来保证节假日期间的安全，避免出现"节假日综合症"呢？笔者认为，别给安全"放假"最重要。一是应该利用班前会、职工学习等机会，继续强化安全第一的观念，让职工绷紧安全这根弦。只要我们坚持安全天天讲、时时抓，把安全工作落到实处，就能保证少出事。二是加强节假日期间领导干部、管理人员的带班制度，建立对现场作业人员到岗到位的监督机制。要牢固树立安全工作重于一切、决定一切的思想观念。遇有重大操作，领导干部和管理人员要努力履行好生产现场监督者的职责，提醒一线工人注意安全，按章操作。三是做好安全预警，提前制定事故预案和防范措施。

别给安全"放假"，确保安全不出事，企业发展才能蒸蒸日上，职工权益才能得到根本保障。

（作者单位：河北吴桥县电力局）

安全工作没有局外人

吕福林

近日，笔者在某班组看到，班长组织职工进行安全学习，当宣读外单位的一份事故通报时，有些职工玩起了手机，问其原因，说是外单位的事，与自己没有什么关系。笔者心想，即使是本单位甚至身边的人安全工作出现了问题，这些职工可能也会说，这不是自己的责任，与自己没有什么关系。他们完全把自己当成了局外人。

安全工作没有局外人。安全工作是一项全局性、涉及所有人的工作，是一条内外关联、人人互保、环环相扣的链条。单位各部门的干部员工，在安全工作中都无一例外地承担着重要的责任，都必须按照自己的职责来承担这一责任。

安全生产人人有责。干部职工是安全生产的主体，每个人都是安全规定的执行者。领导干部必须以对社会、对企业、对职工高度负责的态度，确保企业的长治久安。

管理人员必须以负责务实的精神，完善安全管理措施，为企业生产装上一把"安全锁"。生产一线的职工必须严格遵章守纪，增强"我要安全、我会安全"的责任意识。

只有干部职工人人以安全生产为己任，重视、关心安全工作，对安全事故案例能举一反三，吸取教训，引以为戒，真正提高安全生产意识，企业的生产安全才能得到保障。只有大家都把安全工作当成自己的分内事，不当局外人，才能为企业安全生产构筑一道坚实的防护墙。

（作者单位：黑龙江黑河电业局）

"差不多"要不得

刘新友

电力行业安全生产是一项系统的、长期的和艰巨的工作，直接关系到企业财产安全和企业员工的根本利益。员工在工作当中如果每个环节都"差不多"，其结果往往就是"不及格"，事故就有可能发生。

从人本管理的角度来说，安全管理是对员工生命和健康的关爱。要做到这一点，就不能仅仅依靠严密的制度、严格的监督考核，还要有深厚的人文关怀和安全文化氛围。只有当员工真正意识到安全生产与自己息息相关，把注重安全、落实安全当成自己的事，安全管理才能达到最佳效果。安全管理工作是多层次、全方位、不间断的。事故隐患的存在是一个不断发展变化的过程，要"常怀忧患之心，常思安全之策，常尽落实之责"。在抓安全管理工作时，要像绣花一样，缜密细致，不漏一针一线；要像医生操作手术刀一样，细而又细，以保万无一失。

要抓好安全生产，就要实实在在，不走过场地去检查落实，在事先防范上下功夫。这就要求我们在日常工作中要严格执行规章制度，遵守防护规定，保证优良的检修质量，提高技术水平，建立安全工作的良好秩序。

（作者单位：江西新建供电公司）

安全培训应做到"差异化"

张海生

时下，各种形式的安全培训颇多，在一定意义上提升了企业员工的安全业务素质，值得肯定，但也存在一些问题，有违培训效果和初衷。

笔者认为，目前大多安全培训存在的弊端就是"满堂灌"，将各级员工笼统地汇聚到一块儿，眉毛胡子一把抓，不分轻重缓急，注重"面"的培训，缺少"点"的结合。要改变这种培训机制，就要采取差异化的培训方式，实现安全知识培训的多元化。在培训方式上，始终做到培训层次化、系统化。

所谓层次化就是针对不同岗位、不同类型员工的特点分层次地进行梳理归类，因材施教。所谓系统化就是防止断章取义，培训要避免老生常谈、旧调重弹，而应由浅入深，循序渐进地推进。在差异化的培训过程中，培训知识要承上启下，并结合当前及今后所需进行有重点的培训。要兼顾短期和中长期行为，做到点面结合，以点带面，以面促点，相得益彰，共同提高。

要做到安全培训的差异化，就要做到安全培训由"员工自己点菜，企业负责掌勺"，切实避免安全培训上的大杂烩。要结合企业员工的知识结构、技术水平、理解能力、文化程度等方面的差异，因材施教，从而通过安全差异化培训，使每位员工都能最大限度理解安全规程的规定、掌握安全技能、提升安全生产意识，达到安全生产由"要我安全"转变到"我要安全""我会安全"的效果和目的，不断提高企业各级员工分析、判断、掌握、处理安全生产过程中各项复杂问题的能力。

（作者单位：河南襄城县供电局）

用"文艺汇演"宣传安全

焦岩峰

"安全月"年年都搞，"开大会、学文件、搞签名"似乎成了"老三样"。笔者所在单位打破以往的做法，举办了一场安全月主题文艺汇演，通过快板、情景剧等表演方式，生动演绎"安全"这个永恒的主题。员工们纷纷为这种新颖的教育方式称好。

首先，文艺汇演让安全月教育活动更加生动。安全月这么严肃的主题还演节目？怎么演？都有啥节目？大家主观上就会产生好奇心理，进而主动去参与并探寻答案。在这个过程中，大家在轻松愉快的氛围中潜移默化地受到了深刻的安全教育。另外，就汇演的表现形式而言，快板、情景剧、双簧等都是员工喜闻乐见的表现形式，台上的员工演得投入，台下的员工看得认真，这种寓教于乐的教育方式肯定会收到事半功倍的效果。

其次，文艺汇演让安全月教育活动更有针对性。一般来讲，作为安全方面的主题演出，主角自然是来自一线的员工，演身边的安全事儿，说身边的安全人，他们的演出自然、不做作，而且非常具有现实意义。比如笔者单位的本次演出，演员全部由来自各基层单位的一线青年团员组成，他们结合近年来发生在身边的典型安全事故，利用业余时间自编、自导、自演，给员工献上了一台安全主题突出的文艺节目。情景剧《师傅的"多功能"安全帽》以寓教于乐的形式，再现了员工在安全帽使用上的习惯违章性行为；配乐诗朗诵《生命的嘱托》，描绘了几起安全事故对家庭造成的伤害，呼吁人们铭记亲情、勿忘安全。通过演员们的表演，告诉大家安全事故会造成哪些危害，可谓一针见血，切中要害。

（作者单位：北方电力兴安热电公司乌兰浩特第一热电厂）

隐患整改让安全多些保障

孔渝英　胡　滨　刘友顺

　　山东昌乐供电公司安全生产已创 6000 天以上长周期纪录。该公司亦不沾沾自喜、不搞宣传、不搞任何庆典活动，而是关起门来主动学"安规"、找差距、抓整改。

　　5 月份以来，国内连续发生几起生产安全较大及以上事故，有地铁塌方事故、煤矿瓦斯爆炸事故、山体滑坡自然灾害等。导致这些事故发生的具体原因都不是偶然的，施工操作不当、违规操作、隐患排查不力等通病普遍存在。我们深刻地体会到：一是安全无小事，二是脱离安全求效益等于水中捞月。

　　责任心来源于思想，思想决定行动，只有在头脑中深扎安全第一的根，行动上才会一丝不苟地严格按章办事，从而确保安全。从思想上高度重视，做好事前防范，加强安全管理与教育不可或缺，做得不足够好的应该补上这一课。这个要求对企业来说是最起码的，并不过分，企业能做到，也应该做到。只要做好了安全整改，隐患快一秒被消灭了，企业安全就多了一分保障。

（作者单位：山东昌乐县供电公司）

"老生常谈"话安全

王　辉

　　老生常谈常常被喻为人们听惯了的没有新意的老话。然而笔者认为，在安全生产工作上，我们不妨多一些"老生常谈"。

　　加深记忆。人们接触到的各类信息在经过学习后，便成为了个人的短时记忆，但是如果不及时巩固，这些记住的东西就会慢慢被遗忘。因此，我们要不断复习以前的"老"知识，克服遗忘造成的知识缺失，"老生常谈"未尝不可。

　　纠正习惯。安全来自警惕，事故出于麻痹。一些看似"简单"的工作，因为早已司空见惯，便容易产生麻痹大意的思想。对于这类现象，解决的最好办法莫过于"老生常谈"了。在施工现场，哪怕只是"正确佩戴安全帽"这类小小的安全细节，只要有人不时地进行提醒，就能及时纠正不良习惯。

　　营造氛围。在安全生产氛围的营造上，"说"是一个很重要的方面，大到安全生产的组织、管理，小到作业现场的劳动纪律，都可以由"说"来安排和部署。虽然"说"的形式千变万化，但"说"的内容却万变不离其宗，"说"来"说"去，还是安全生产的各种规程、制度、常识等，所以这些似乎又都是"老生常谈"。不过，由于形式的不断变化，"老生常谈"自然把安全生产的氛围营造出来了。

　　"老生常谈"对安全生产虽有很大的促进作用，但我们也不能倚"老"卖"老"，而要不断推陈出新，在"老"话题里出"新"意。如此，方能确保安全生产的长治久安。

（作者单位：河南商丘供电公司）

安全之路无捷径

何 佳

近日，一名出租车司机因逆行将行人撞死。当冰冷的手铐戴在他的手上时，他懊悔不已："我只想走条捷径，却没想到给他人和自己造成了这么大的伤害。"听完这起事故，笔者想到了供电企业的安全生产工作。

众所周知，安全生产是供电企业工作的重中之重。为此，供电企业不断修改完善安全规程，定期校验安全工器具，如期举行安全培训等，可安全事故还是时有发生。究其原因，都是因为"捷径"二字。

对于"安规"，作业人员全都会背。对于工作中的安全工器具，也都会使用。可就在作业时，总觉得"啰唆""麻烦"。于是，安全帽扔掉带子、安全带不系、安全工器具直接省略。殊不知，那是一道道生命的保护层和安全网。也许，偶尔的一次违规能够侥幸混过，但却在无形中为事故埋下了隐患。

在以往的安全事故通报中，因为安全生产"走捷径"引发的事故不胜枚举。一组组数字在叠加，一起起悲剧在重演。那不是故事，是事故，是生命。

安全生产是一项严肃的工作，需要作业人员牢固树立安全意识，按规程中的每一项规定一步一个脚印、不折不扣地去执行。

安全之路没有捷径可走。

（作者单位：黑龙江佳木斯供电公司）

安全管理应"接地气"

黄以华

在安全月活动中，江苏灌南县供电公司领导班子和中层管理人员纷纷转变作风，"一沉到底"，现场抓安全，员工称此举为"接地气"管理。由于情况明、措施实，施工违章现象明显减少。

笔者由衷地为这种"接地气"的管理方法叫好！多年来，安全生产一直是供电企业的重中之重，各种文件、会议和督察轮番上演，从不间断。此举尽管收到了很大成效，但是由于参会人数的限制和传达过程中的"缺斤少两"，导致上级要求有时不能被"原汁原味"地传达给每一位员工。领导干部和管理人员带头深入基层现场，"一竿子插到底"，与一线职工面对面交流，不仅可以听到真话、看到实情，及时发现并纠正违章行为，把事故消灭在萌芽状态，也更有利于领导干部和管理人员发现问题，更好地对症下药，掌控全局，实现安全管理质的飞跃。领导干部和管理人员下基层、"接地气"，是新时期企业以人为本，实施源头控制、末端治理、做好安全管理工作、实现企业长治久安的需要。这既是一种姿态，更是一种责任。"接地气"既是对传统作风的传承，又是对管理模式的创新，其产生的效应，将是其他方式无法比拟和取代的。期盼能有更多的领导干部和管理人员都来"接地气"。

（作者单位：江苏灌南县供电公司）

抓安全要敢于揭"疤"

尤佳龙

安全工作在企业的各项工作中，就是一项要不断"找病""挑刺"的工作。而现实中，部分企业只能听人报喜，不能听人报忧，生了病赶忙掩饰，有了"疤"马上盖住，最终导致小病扩大、大病不治的后果。

首先，安全工作是全局性的工作，在思想上要做到全员想安全，全员抓安全，形成敢于正视和纠正自身问题的氛围。企业存在隐患很正常，但一定不能逃避，要积极地应对并尽快消除。这就如同一个人身上有疤，要敢于示众，要有揭开伤疤，忍住疼痛进行治疗的勇气，这样才能彻底除掉病根。

其次，不要因为事小而不为，不要因为程序烦琐而简化，因为事故往往就发生在麻痹和耍小聪明间。正如一位哲人说的，聪明人总是倒在聪明的河流里，真正的成功者都是从看似愚蠢的河流里一步一步走出来的。

第三，执行安全制度要严格，奖惩分明铁面无私。真正做到以"三铁"反"三违"，确保安全规章制度得到"百分之百"执行。针对违规现象，公开点名批评，提出整改措施，让其他单位和个人及时吸取教训。

安全生产是一项系统工程，从企业到员工，要从思想上引起重视；从部门到班组，要协调配合；从制度到规程，要有效落实。只有这样我们的安全之树才会常青。

（作者单位：黑龙江红兴隆电业局）

安全生产需"杞人忧天"

王丽萍

"杞人忧天"以古时杞国人担心天塌下来，自己无处安身的故事警示后人不要庸人自扰，毫无根据地瞎担心。作为供电企业，笔者认为，不妨多些"杞人"，在"忧天"的同时，采取措施加以防范，为安全生产提供有力保障。

近年来，国网公司先后开展了"安全年""安全生产大整顿"等活动，但从今年国网公司发出的事故通报来看，安全形势仍然不容乐观。反思事故原因，是因为部分员工对安全还抱有侥幸心理，个别企业、少数员工仍然在吃"风险饭"。

"生于忧患，死于安乐。"一起起血的教训告诉我们，增强忧患意识是确保安全生产之根本。作为电力企业，要规范安全培训制度，提高员工执行"安规"的自觉性，做到安全生产常抓不懈，防患于未然。建立安全生产责任制，明确分工、层层落实责任，形成安全生产一级抓一级的局面。对于员工来说，就要居安思危，自觉增强安全意识，通过理论联系实际的方法，自觉提升安全技能和水平，切实变"要我安全"为"我要安全"，努力实现以"零违章"确保"零事故"的目标。

增强安全生产的忧患意识，多一分责任，少一分懈怠。只有这样，我们的"忧"才不会走进死胡同，也就不会在"安乐"中死去了。

（作者单位：山东济阳供电公司）

安全培训应做好"授"后服务

周万海

时下，安全生产月刚刚过去，各种培训活动也告一段落。通过培训，参培者大都取得了一定的成效。但也有部分员工参加培训后，由于各方面能力及岗位的差异，存在走过场、应付的现象，培训结束后仅保持"三分钟热度"，在实际工作中依然我行我素，很难达到预期效果。

在电力企业内部，月度、季度一般都会按计划组织开展各类培训活动，目的在于提高一线员工的技能素质。这些培训对一些爱学习的员工很有吸引力，但有些组织培训的部门往往把培训当作一项任务去完成，培训结束也就万事大吉，从而出现"培训月月搞，依旧老一套"的现象，使培训流于形式，达不到预期的效果。

笔者认为，组织培训的单位应了解一线员工最缺什么，"眉毛胡子一把抓"的培训方式并不能从根本上解决参培者思想和行为上的倦怠。作为参加培训的员工，要结合工作实际，对培训内容进行筛选、分类，挑选出适合自己的培训内容，创造性地加以利用，切不可生搬硬套；注意总结积累，对应用效果加以分析，以便总结经验，吸取教训，并在以后的应用中加以改进。培训单位和授课老师一定要重视培训的"授"后效果跟踪，做好"授"后服务，适时调整培训计划，检查培训效果，完善培训考核机制，这样才能保证学以致用，真正发挥培训的作用。

（作者单位：江苏省邳州市供电公司）

安全意识切忌"审美疲劳"

唐建军

近日，笔者翻阅了某企业安全督察违章情况反馈，7 起违章作业中，竟然有 4 起是由于员工的安全意识"疲劳"所致。笔者不由对员工的安全意识"疲劳"深感担忧。

安全意识"疲劳"是指长期从事单调、枯燥、紧张、注意力高度集中的工作，大脑就可能对安全学习和教育出现抑制、排斥和麻痹等意识"疲劳"反应。

从安全生产角度看，如果不善于因势利导地对"疲劳"症状进行科学调整，安全教育不以科学的方法进行，就会产生各种隐患。

首先，企业管理部门应引导员工认识安全意识"疲劳"的危害，找到产生恐惧、压抑、排斥等心理的诱因，启发他们自觉地去化解和排除。其次，预防安全意识"疲劳"，既要依靠经常性教育，又要采取一些生动形象、别开生面的新方法对员工进行宣传教育，及时打预防针。第三，还要从关心员工生活着手，要通过谈心沟通等方法，善于从情绪变化、言行异常中捕捉他们的心病，消除"疲劳"意识；更重要的是员工要看到安全意识的"疲劳"对自身的危害，要以正确的态度对待，不断加强安全生产中的自我保护意识，时刻保持安全警惕性，严格执行生产规章制度。只有做到以上几点，才能确保安全生产可控、在控。

（作者单位：江苏大丰市供电公司）

别让"小疾"成"大患"

莫文勇

近日，一位朋友不慎患上流感，由于自恃身体强壮，认为顶一顶就会过去。谁知病情越拖越严重，小小的感冒、咳嗽，最后发展成肺炎。"早知如此，何必当初"，不得已住院治疗的他后悔不已。

《扁鹊见蔡桓公》的故事家喻户晓。由于讳疾忌医，蔡桓公原本非常轻微的疾病逐渐由皮肤扩散到肌肉再至肠胃，最后蔓延至骨髓而不治身亡。小病不治拖成大疾，这和我们平时说的小违章不治理就会发展成大事故的道理是一样的。

这让笔者不禁想起，在电力企业安全生产中，有些管理干部在安全管理上也是"小病不医"，觉得一线职工工作辛苦，违点章、出点差错没什么大不了，只要不是大错，没必要大动干戈。对各类小违章、小隐患见怪不怪，一味地姑息纵容。这种看似"人性化"的"小病不医"行为，无疑助长了"违章病毒"的肆意蔓延，使"病灶"不断扩大，"病情"不断加重，最终失去了最佳治疗时机，导致安全管理的"大病无治"。

俗话说，"无病早预防，有病早发现，小病早治疗。"因此，在电力企业安全管理中，即使是再小的毛病，也要以严肃的态度认真对待，将小违章当成大事故来处理，及时把各种"小疾"制止在萌芽状态，从根本上杜绝"大患"的产生，从而防患于未然。

（作者单位：大唐博达煤电公司）

"斩草"须"除根"

莫丛周

"违章不一定出事，但出事一定违章。"几乎人人都深知违章违纪对生产带来的危害。然而，在一次次铲除违章违纪"杂草"行动之后，我们不难发现，一些顽固的违章行为总会一次次死灰复燃，成为安全生产的一颗颗"定时炸弹"。

是什么让这些顽疾无法根除？在笔者看来，主要因为一些管理者在生产管理中缺乏刨根问底解决问题的精神。工作中发现的问题虽多，整改的次数也不少，但常常习惯于"头痛医头、脚痛医脚"，致使问题整治不彻底。一些管理者抓安全缺乏连续性，对隐患的整改措施落实不得力，缺乏长效监管手段，使一些违章行为改了又犯。长此以往，一些本来可以制止的不良行为最终演变成习惯性违章，极难根治。

违章一日不除，安全一日不宁。整治安全隐患治标还要治本，"斩草"还须"除根"。作为一名管理者，必须有高度的责任感、务实的作风，深入基层和一线，全面把握生产过程中的薄弱环节，认真对待生产工作中的每一个问题和隐患，手拿"放大镜"查找问题的深层次原因，坚持"四不放过"原则，采取强有力的措施，及时铲除安全隐患，并加强后续监管，形成"查找问题、制定措施、整改落实、结果反馈、追踪考核"的闭环系统，彻底铲除滋生违章违纪的土壤。

（作者单位：大唐桂冠盘县四格风力发电有限公司）

安全宣传切莫过度

乔瑞玲

每年的 6 月是全国的安全生产月，全国上下都开展了安全宣传活动。然而，综观全国，仅 6 月一个月安全事故就接连不断。

在很多企业里，安全生产月俨然成为了安全宣传月。

在安全月里开展安全宣传活动无可厚非。但一些企业在开展活动时重形式、轻内容，在宣传攻势上做到面面俱到，人人皆知，但活动只是"花架子"，实际效果无人问津。诚然，适度的宣传是必要的，但是仅仅把精力都放在宣传上，没有切实可行的活动内容，则根本无法达到安全生产的目的。因此，从管理角度来讲，各企业应加强现场隐患排查和治理力度、加强现场组织领导和控制等一系列措施，清除安全死角。从职工的角度讲，应在加强宣传教育的同时，开展一些有实际意义的活动，例如：安全知识竞赛、安全知识讲座、事故警示教育、安全征文等，使职工通过参加活动，自觉提高安全意识，规范安全行为，让安全思想永驻心中。

"安全生产只有起点，没有终点！"要想保证生产安全，就要把握好宣传的度，把好安全生产关。

（作者单位：宁夏送变电工程公司）

电力安规要"三透"

沈哲文

电力"安规"是安全生产的"护身符"．

电力"安规"要真学，才能真懂。真懂则要达到看透、想透、说透的境界。

看透电力"安规"，就是洞彻客观对象及其关系。宋代张载曾言："须透彻所从来，乃不眩惑。"看透了，澄明了，自然"不眩惑"。要想看透，"知之者不如好之者，好之者不如乐之者"。把学习电力安规作为一种追求，做到好学乐学。有了学习的浓厚兴趣，就可以变"要我学"为"我要学"，变"学一阵"为"学一生"。

想透电力"安规"，不想透不罢休。何谓想透？从其中引出其固有的而不是臆造的规律性，即找出周围事变的内部联系，作为我们行动的向导。"学而不思则罔，思而不学则殆。"脑子里装着问题了，想解决问题了，想把问题解决好了，就会去学习，就会自觉去学习。要"博学之，审问之，慎思之，明辨之，笃行之"。

说透电力"安规"，就是用字准确，句子完整，概念清晰，深入浅出，选实用字，显示朴素美；音节上声，读起来有扬无抑；叠字，呈现重复美。说者有条不紊，听者茅塞顿开。

（作者单位：浙江浙能镇电公司）

上岗证不等于安全证

金 晖

在我们的日常工作中存在这样一种现象：个别职工在培训期间，对安全知识的学习非常重视，一旦拿到上岗证，就再也不重视业务学习了。笔者认为，上岗证并不等于安全证。

上岗证是证明一个人通过学习、培训后，具备了上岗的资格，为从事安全操作创造了基本条件，但并不等于有了上岗证就安全了，它不能与安全等同。

有了上岗证，我们更要努力学习安全知识。因为，上岗前培训只是让我们掌握了一些安全基本知识，很多操作技能需要在实践中学习、掌握。有了上岗证，我们更要认真执行安全操作标准。操作标准是安全生产的行动准则，是安全知识的实践和深化，只有执行好各项操作标准，才能做到安全操作。我们要按照"精、细、严"的要求去执行标准化作业。精，就是操作要精益求精；细，就是要一丝不苟、细致入微；严，就是严格要求、严格遵守。

有了上岗证，我们更要增强责任心。责任心是搞好安全生产的"防火墙"，没有责任心，再熟悉安全知识和操作程序，也不能保证安全生产。只有心中始终有一份责任，才能做到时时处处心系安全。

（作者单位：辽宁电力经济开发有限公司）

2014 年

一等奖

人机环管疏一则危

陈琪文

古语云："凡事预则立，不预则废。"我们做任何事都要研究作用的对象，得出相应的行事准则和风险防控措施，安全生产工作同样如此。具体到电力企业生产过程，涉及的对象就是企业的员工、工地厂房、发供电设备以及用来规范员工工作行为的管理制度，也就是我们常说的"人、机、环、管"，弄清楚电力生产工程中"人、机、环、管"的构成和联系，是为了更好地防范生产事故和不安全事件。

全面理清电力企业具体生产环境条件下"物的不安全状态"和"人的不安全行为"，通过多种管理措施就可以阻断事故发生的途径，从而达到防范事故的目的。就大唐云南分公司所属水电站、风电场而言，要防范和杜绝发电企业作业现场事故的发生，就要从"作业人员、机器设备、作业环境和安全管理措施"这四个环节着手，采取针对措施保障每个环节的安全可靠，如确保机器设备完好无缺陷，作业环境照明、湿度、温度、空间等符合要求，作业人员技能水平和精神状态与承担任务相匹配，现场安全管理措施具有全面性和针对性等。

水电站、风电场一旦建成，生产空间就会固定，作业环境基本上不会有大的变化，机电设备会逐渐老化，老电站和偏远风电

场人员配置少、技能水平有待提高，安全防护措施不够到位等不利因素短时间内不能彻底改变。因此，就必须充分发挥安全生产监督系统的监督把关作用，督促安全生产保障系统严格规范作业流程，最大限度减少人的不安全行为，全面参与现场作业的过程监督，实时提醒按章作业，及时纠正违章行为……

只有坚决阻断生产经营过程"人、机、环、管"环节中的不安全因素、不安全状态、不安全行为之间的联合作用，阻断不安全事件和事故发生的通道，才能有效防控作业风险，减少并杜绝事故和不安全事件的发生，形成企业长治久安的稳定局面。

（作者单位：中国大唐集团公司云南分公司）

三个转变强化安全红线

胡江丰

6 月 9 日，笔者供职的发电厂实现了安全生产 5129 天，在全国同类电厂中名列前茅。企业是怎样不断强化"红线"意识，有效促进安全发展的呢？管理理念的"三个转变"功不可没。

因（过程）果之变：变管结果为管原因管过程。就拿设备管理来说，是等设备出现缺陷后忙着抢修、消缺，还是先下手"治未病"？答案不言而喻。本企业在同行中率先引入设备管理的点检定修制，从过去传统的以"修"为主转变为以"管"为主，实行了动态的全过程管理。一是再造设备缺陷管理流程，使缺陷信息一目了然；二是认真开展缺陷原因分析，利用一切机会彻底解决设备"疑难杂症"；三是推行智能巡检，进行设备综合性能检测；四是开展设备缺陷发生概率研究，找出缺陷发生规律，有针对性地消缺。由管结果到管原因管过程，方能让设备更健康。

前后之变：变事后干预为事前预防。旧有模式下的安全管理，是在事故发生后，查找事故原因，举一反三。企业转变安全管理理念后，把精力用在做细做实预防工作上。比如，本企业出台了《危险点预控管理规定》，从不同的作业环境、作业程序等方面开展甄别，全厂排查出 674 个危险点，制定 1400 多条防范措施。员工工作前先填写危险点预控单，找出危险点，采取防范措施，真正落实"不安全不工作"。

内外之变：从内化于心到外化于行。思想是行动的指南，认识是行为的先导。怎样让"红线"意识扎根于员工内心，外化于自觉行动，这是摆在安全生产管理者面前的一道考题。企业实践

表明，开展安全文化建设，以文化人，以文化心，是实现从内化于心到外化于行的有效"路线图"。教育培训、制度约束、检查监督……企业多管齐下不断提高员工安全文化素养，逐步形成职工自主参与、自我教育、自觉融入的良好安全生产局面。

强化"红线"意识，促进安全发展，永远在路上。变与不变，它都在那里。

（作者单位：浙江华电乌溪江水力发电厂）

拒绝 1+1≈2

韩　辉

"活儿干得怎么样啊？""差不多啦。""操作能按时完成吗？""差不多吧！"这样的对话在我们的身边时有听闻，此时我们得到的安全信息是：1+1≈2。

"差不多"到底差多少？在我们身边，总有一些胡适先生笔下那个把买红糖买成白糖，山西说成陕西，千字写成十字，兽医当作大夫的"差不多"先生。

他们口头上习惯了"基本""好像""几乎""大约""估计""大致"等词语；行动上心粗气浮、马马虎虎，自以为是、胆大蛮干，只求过得去，不求过得硬；只满足于完成一时之任务，却不愿在细处下苦功；工作上安全措施多点少点差不多，施工质量好点次点差不多，安全检查睁眼闭眼差不多，业务培训考试及格不及格差不多……殊不知"差不多"其实是"差很多"，"过得去"往往却"过不去"。

对此类员工必须要强其意识，改其行为，去粗存精，变粗为细。首先要从最基础的安全规定抓起。加强对"一票两卡""两票三制""七要八步骤"和"三防反六不""停送电"等基本安全制度执行的监督考核。其次要从最细微的工作过程抓起。该抓的环节要抓到位，一个也不放过；紧要部位要紧盯住，一点也不放松；容易疏忽的地方要提醒，一点也不马虎。再次要从最严肃的制度执行抓起。落实严防、严管、严处的"三严"要求，对违规现象要直面问题，严肃处理，确保安全规章制度得到"百分之百"执行。只有这样，才能为安全工作装上"保险丝"，配上"稳压器"，实现安全生产的 1+1=2。

（作者单位：安徽怀远县供电公司）

二等奖

安全生产需下好"五子棋"

江　镇

安全生产环环相扣，步步为营，容不得半点闪失。要有的放矢盘活"安全棋"，确保安全之花常开不败，笔者认为，需下好"开动脑子、扑下身子、甩开膀子、迈起步子、抹开面子"的"五子棋"。

"开动脑子"。要时刻保持"高压"态势，以一颗精明的头脑，对安全工作进行分析、总结和提炼，研究新形势下安全生产方面的新问题，不断开拓工作新思路。

"扑下身子"。各级安全管理人员要和广大职工打成一片，多调查、多了解工作实际，制定出切实可行的规章制度，积极宣传安全生产的重要性和必要性，促进广大职工的安全意识从"要我安全"向"我要安全"转变。

"甩开膀子"。少当旁观者，"甩开膀子"踏踏实实干工作，通过调查研究，收集安全生产信息和资料，建立健全各项安全生产管理制度及常态运行机制，做到有章可循，违章必究。

"迈起步子"。要经常深入生产一线、施工现场进行现场检查、巡视，及时针对危险点逐项进行排查，对薄弱环节要重点强化整治。

"抹开面子"。要以"铁的面孔，铁的心肠，铁的手腕"来反"三违"，做到措施到位、责任到位、监管到位；不能徇私情，做老好人，绝不搞"下不为例"，对事故责任者一经发现，严惩不贷。

（作者单位：江西省乐平市供电公司）

冷杉树的安全启示

毕晓秋

有一个男孩，出生时难产，长到 3 岁才会说话，而且说得极不流利，直到 9 岁入学时依然没有好转。同学们不愿意和他交往，于是他想到了逃学。父亲带他到郊外去看两棵树，告诉他高的叫沙巴，矮的叫冷杉，问他哪种更珍贵，他回答："应该是沙巴树，它长得那么高大。"父亲告诉他："错了！沙巴树长得快，木质一定疏松；冷杉长得慢，木质才坚硬！而且，贪长的树不成材，别看沙巴树初期疯长，3 年后就越长越慢了，最终不会超出 10 米。冷杉则不同，别看它长得慢，但它始终坚持生长，而且寿命极长，活上万年都不成问题。"小男孩明白了，父亲是想让他做一棵虽然长得缓慢但永远向上的冷杉树。这个小男孩就是爱因斯坦。

笔者认为，冷杉树给了我们很多有关安全的启示。一个电力企业的安全管理网络，也应该像冷杉树一样，持续改进、完善，让"安全第一、预防为主、综合治理"的思想在每个职工的心中扎根，不给习惯性违章留机会。

启示一是目标要明确，然后坚定地为这一目标而努力。冷杉树的目标不是昙花一现的辉煌，而是万古长青的苍翠。我们的安全管理也需要有明确的目标，不做表面文章，不管周围环境如何，既然认准了目标，就坚定不移地向着目标前进。要注重持续性，坚持安全生产不动摇。

启示二是要突出重点，分清轻重缓急。冷杉树的生长是有重点的，它自身有主干、枝干之分，有枝条、末梢之别。

根系送来的营养，从来都是先主后次、层层输送、逐级推进的。春、夏、秋、冬四季做着不同的事——发芽、生长、酝酿、蓄养，随着季节变换而转移重点。我们的安全管理也要分清重点和管理的步骤，切忌颠倒主次、混淆是非，一定要注重安全管理的质量，杜绝粗放型管理，力求安全管理精细化。

（作者单位：华电能源佳木斯热电厂）

我与安全帽有个约定

赵明曦

笔者最近读到一篇报道，文中引用了这样一则小故事：国内一家公司请美国一名代表进行现场指导，在进入施工现场时，美国代表因未戴安全帽而不肯入内。陪同的员工劝告说："就进去一会儿时间，而且领导又不在现场，就不必戴了。"这位美国代表对此疑惑不解，摇头说："我戴安全帽不是给领导看的，那是为了我自己的安全！"陪同人员无言以对。

我与安全帽的约定要从工作之初说起，还在实习期的我被安排在变电站工作。第一次进入高压场前，站长给我们几个实习生一人一顶安全帽，并指导我们如何正确佩戴。小小的帽子而已，哪来这么多讲究，此时正值骄阳似火的盛夏，厚重的安全帽既闷热，又不能遮阳，我不由得对其反感起来。

进入高压场后，站长带领我们走到主变那里，低下身来观察主变的构造。当我起身时，"砰"的一声，头部撞到了主变的其他部件上。我看着刚刚撞过的地方，心中真是后怕，以我起身的速度，要不是安全帽的保护，肯定会发生"流血事件"。自此以后，我再也不敢犯懒了。

不久后的一次出勤，跟着老师傅去合一把 10 千伏的电容器地刀，在操作的刹那，地刀的瓷瓶瞬间在头顶爆裂，散落在我们四周的地面上，随之一股焦味飘来。惊魂未定之余，我摸了摸头上的安全帽，真是多亏了它啊。以后的工作中，我每次进入高压场地前都仔仔细细地将它戴好，就像有种默契的约定。它不仅能保护我的头部，更多护住的是对工作、对家的责任，以及亲人对我平安的期盼。

刚刚工作的电力员工，由于经验尚浅，还不能将事情考虑全面，需要多听老师傅的劝诫，不要因为是"小事"而没有引起足够的重视，导致悲剧的发生。安全工作规程及制度，都是用血的教训换来的，我们决不能以同样的代价去验证，而是需要学习那位美国代表严谨的工作作风，学习他那种强烈的安全自我保护意识和安全重于一切的态度。许多事故的发生，往往由于一时疏忽，发生在一瞬间，只要稍不注意，就会酿成悲剧。

安全工作关系到企业的生产、效益、名誉，还关系到家庭的幸福美满。

在生产工作中，只要多用一点心、多动一下手，就可以保障我们的安全。

我是变电运行人，我与安全帽有个约定，与生命有份契约。你呢？

（作者单位：广东惠州供电局变电管理一所）

构建安全生产"最佳防守阵容"

贺元康

在足球比赛中，良好的防守阵容可以保证球队的防守稳如磐石、固若金汤。在安全生产这场对抗松懈、麻痹、习惯性违章的激烈比赛中，若要取得胜利，同样需构建无懈可击的"最佳防守阵容"。在防守阵容中，左、右后卫、中后卫和守门员至关重要，下面分别介绍这些角色在安全生产中担负的重要职责。

左、右后卫——在安全生产中需配备"制定科学化预案""拉网式隐患排查"的左、右双后卫。制定事故预案提高应对风险和防范事故能力，可保证人员安全健康，最大限度地减少财产损失、环境损害和社会影响。安全生产事故隐患排查治理长效机制针对事故隐患具有隐蔽性、潜伏性、普遍性、危害性的特点，综合利用各种有效手段，各个击破，可有效防止和减少各类事故发生。"双后卫"模式的防护线切断了隐患和风险的通道，扎牢了安全生产的防线，构建了高度警惕、防微杜渐的安全防控新格局。

中后卫——严格的安全生产管控是安全生产的"中后卫"。严格的安全生产管控要求我们抓好安全生产过程管理和细节控制，全面落实安全生产责任制，严格落实各级人员的岗位监督职责，充分发挥安全生产保证体系和监督体系的作用，对出现的问题严格分析，对可能发生的风险提前防范，将事后调查的标准变成事前控制的要求，将安全防线向前推移，构筑无懈可击的安全屏障。

守门员——我们要让"红线意识"成为安全生产的"守门员"。科学的安全制度和标准就是安全生产的"红线"，我们要设"红线"、守"红线"、重"红线"、敬"红线"。安全生产中，科学的规章制度是一切工作的基本依据，是确保各项工作保质保量完成的重要保证，是绝对不能触碰和违背的"红线"，在每一项工作中都要将规章制度充分落实并严格执行。标准化作业就是将作业方法的操作程序进行分解，以科学技术、规章制度和实践经验为依据，以安全、质量为目标，形成一套安全、准确、高效、优化的作业程序。安全生产工作要严格按照标准化作业流程开展，确保各项安全要素可控、能控、在控。

（作者单位：国家电网公司西北分部）

安全工作要做细

张 杰

工程项目设计、采购、施工等各环节都与安全息息相关，人员安全、设备安全、环境安全等，这一切关乎企业与员工的利益，更与实现人、机、料、法、环的和谐运作，有效控制各类潜在事故风险和伤害因素，达到安全生产的目标息息相关。因此，安全工作一定要做细。

"做细"与"做戏"虽一字之差，结果却大相径庭。以安全工作为例，"做细"者眼睛盯的是安全工作的"死角"，脑子想的是防范措施的"盲区"，重视的是彻底消除安全隐患，因而敢于直面不足，勇于揭疤亮丑。而"做戏"者眼中盯着的是上级领导的评价，想的是自己的工作是否能得到领导的赏识，工作中夸夸其谈，避实就虚，放大成绩，忽视问题，从而在工作中埋下了更多隐患。

笔者在参加一次安全检查时发现这样的问题：某项目油漆仓库摆放的灭火器压力表均朝向里面，检查人员顺手将灭火器转过来朝向外面时，发现灭火器的压力表均在红线区。这种自欺欺人的做法实质上就是"做戏"，如果油漆仓库发生火灾，因灭火器无法正常使用而扑救不及时，可能一切就会化为灰烬，并殃及人员和物资安全；反之，如果灭火器能充分发挥作用，或许能将事故损失降至最低，在第一时间能够保护人员、物资及周围设施的安全。所以，将安全工作"做戏"，是万万要不得的，后果不堪设想。

任何事物的变化都有一个渐进过程，安全生产更是如此。作为基层管理者必须审视现场的每个环节、每个步骤、每项流程，在设备安装前想一想"是不是该这么操作"，在编制施工方案时想一想"是不是还有什么地方有遗漏",在遇到异常时想一想"究竟是什么原因造成的"……如不细心,一些事故隐患就很难被发现。

安全管理工作是一项长期工作,我们应该坚持不懈地抓下去,切不能有丝毫的懈怠和不负责任,要将"做细"二字刻进心里并融入行动中,从而保证企业的安全生产根基长久稳固。

(作者单位:山东能源监管办安全处)

三等奖

防止"培训"变"赔训"

赵 杰

供电企业一般都设有职工教育培训基地，其目的都是一致的——通过培训提高职工的素质，以适应不断发展变化的生产经营需要，保证安全生产万无一失。当然，开展职工教育培训需要投入一定的人力、物力和财力，保障培训效果。可综观以往的培训情况，我们经常发现，有些职工的培训竟然变成了"赔训"，投入很大，但培训过后还是"老样子"，知识没有增加，素质也没有提高。

怎样才能不使"培训"变"赔训"呢？笔者认为，第一，领导干部和培训工作人员在思想上要足够重视，想方设法从组织上、制度上保证培训的效果。第二，培训的内容要符合受训人员的岗位需要，使他们学了新知识后"用得着，用得上"，不能使培训内容与工作需要脱节，要确保培训有的放矢。第三，要精心组织，严密安排，落实好各项培训措施和考核制度，做到奖罚分明，达到培训目的。第四，要做好受训人员的把关工作，要把真正爱学习、肯钻研的职工送出去接受培训，同时教育他们要珍惜难得的培训机会，鼓励他们认真学习。各单位对成绩优秀的参培人员要给予奖励，反之要给予处罚。第五，要为参培人员建立培训档案，做好互动工作，跟踪了解他们通过培训后的工作情况，以便适时调整培训内容，使其最大限度地满足生产一线的需要。

（作者单位：辽宁省电力公司大连培训中心工会）

唤醒沉睡的制度

王金凤

对企业而言，高速发展和基业常青，只有在长久持续安全的基础之上方能得以实现。眼下，安全规程、规章等基本的制度已建立得比较完善，我们缺少的是精益求精的执行者、是对规章制度不折不扣的执行、是对"沉睡"制度的彻底唤醒。

对电力企业而言，只有未雨绸缪，没有亡羊补牢。减少事故的发生，必须下大力气，必须有大动作，构建安全文化体系刻不容缓。那么，如何才能有效地唤醒沉睡的制度、搞好企业安全文化建设？不妨从四个层面着手：一是搞好班组及职工的安全文化建设。运用班前安全活动、安全技能竞赛、亲情教育、"三不伤害"等传统有效的手段，培养职工良好的安全心态，强化安全意识。二是搞好管理层及决策者安全文化建设。通过系统安全评价、全面安全管理、检查制、奖惩制、岗位责任制等行之有效的管理手段，强化事故隐患的排查与整改，加大安全投入，避免违章指挥，全面控制各种引发事故的诱因。三是搞好作业现场的安全文化建设。通过张贴安全标语、悬挂警示牌、制作亲情教育卡、事故警示卡等手段，对营造电企安全氛围，强化职工安全意识，控制现场事故易发点、危险点起到积极的推动作用。四是搞好人文环境的安全文化建设。采取举办安全宣传墙报、公布安全生产信息、开展安全竞赛活动、演讲比赛、组织安全文艺汇演、事故报告会等形成，深入开展好企业人文环境的安全文化建设。

安全是企业文化一个不可或缺的组成部分，安全是推动企业健康、可持续发展的力量源泉。眼下，当务之急是要坚持以人为本，坚持理念先导，坚持多措并举，全面唤醒沉睡的制度，让"安全"真正苏醒，焕发勃勃生机。

（作者单位：华电能源股份有限公司牡丹江第二发电厂）

另一只眼看"安全月"

王　宏

今年 6 月是全国第 13 个"安全生产月"，各地轰轰烈烈地开展了一系列活动，从安全宣传、安全检查到应急演练等，活动形式各具特色，切实促进了安全生产和经营发展。在一片喝彩声中，笔者试图从另一个角度来看安全月。

安全月不只是活动，更是责任。安全责任往大了说，是做到生产、经营、发展和安全并重。对于我们个人来说，做好工作中的每一件事，便是履行安全责任。认真巡检、执行操作、处理缺陷是履行安全责任，修订制度、检查整改、完善措施是履行安全责任，安全宣传、教育培训、加强监督也是履行安全责任。只有每位员工都切实履行了安全责任，企业的安全管理水平才能得到提升。安全月不只是口号，是落实。在日常工作中，我们要加强全员、全过程、全方位安全管理，将安全责任分解落实到每个岗位和每位员工。

安全月不只是 6 月，应是每个月。安全生产是一场持久战，只有始终牢牢绷紧安全生产这根弦，企业经营发展和职工生命财产安全才能得到保障。要让这项活动持续和延伸，就要不断建立健全安全管理长效机制，持之以恒地规范安全行为。

当每位员工的安全意识从"要我安全"转变为"我要安全"，企业才能最终实现"全员安全月，全年安全热"。

（作者单位：山西漳泽电力河津发电分公司）

安全管理要"三戒三畏"

伯绍军

孔子曰,"君子有三戒:少之时,血气未定,戒之在色;及其壮年,血气方刚,戒之在斗;及其老也,血气既衰,戒之在得。""君子有三畏:畏天命,畏大人,畏圣人之言。"作为电力企业的责任人要抓好电力安全生产,也要做到"三戒三畏"。

一戒形式主义。在安全管理工作中,各种常规性的安全大检查,表面上轰轰烈烈,实际上走马观花,不解决任何问题。在安全检查时要做到"红红脸,出出汗,排排毒",方能见实效。

二戒短期行为。短期行为主要表现在片面强调成本节约和生产效益,而忽视对班组管理人员、生产工人的安全知识再教育和必要的保护;发现问题视而不见,只采取一些临时措施,致使班组间互相推诿酿成大患。

三戒雷声大雨点小。安全管理违者必究是责任人的应尽之责。但是,有的领导习惯"君子动口不动手",结果导致严惩"三违"嘴上说得"呱呱"叫,一遇问题就"变调"。

一要敬畏生命。尊重和保证员工的生命安全,是企业领导对员工的最大承诺,是企业对员工利益的最大维护。各级领导都要敬畏生命抓安全,把安全生产责任看得比泰山还重,当好员工生命的"保护神"。

二要敬畏规律。就是尊重科学,不能违背客观规律。任何时候都不能盲目超越安全保障能力和客观现实条件,片面追求生产规模扩大和经济效益提高。要认清阶段性,把握规律性,提高预见性,增强主动性,实现科学性。

三要敬畏法规。就是严格守法，按章办事。安全操作只有规定动作，没有自选动作。《电力安全生产操作规程》都是用事故教训和血的代价换来的，是安全生产的"红线"，不能有一丝一毫的懈怠！

（作者单位：山东文登供电公司）

安全生产应善用理性直觉

江艳萍

近日，笔者带着儿子来到一家火锅店用餐，小儿四岁，比餐桌稍高，脸与锅沿齐。服务生往锅内放食材时，直觉令笔者有一个不安的念头闪过，于是立即抬起手挡住儿子的脸。果然，服务生失手将食材掉入锅内，幸亏儿子的脸被结实地保护着，才没有被烫伤。

小儿的安全归功于笔者刹那间产生的直觉，这种直觉来自于理性，而理性又来自于生活常识和经验积累。

员工们对安全培训和教育一向没有好感，认为那种"填鸭式"的安全教育有违人的天性。可是我们并没有意识到，正是从这种乏味的安全学习中我们受益良多。

原本心理上抵触的学习内容，我们的大脑却忠实地将它收入记忆，形成深刻的印象，在我们遇到危险的时刻，第一时间指导我们做出本能反应。这种本能的反应就是理性的直觉，理性的直觉反映的是脑海里可靠的记忆。形成理性直觉的过程，就是将抽象的安全意识具体化的过程，它使一丝不苟执行安全制度的"机器人"升级成为具备"安全智慧"的"智能人"，"智能人"体现的是理性和感性的高度统一。

有个成语叫"庖丁解牛"。依乎天理，因其固然，以神遇而不以目视，几刀下来，骨肉分离。所谓"神遇"，也是一种蕴含理性要素、感性和理性浑然合一的直觉，这种"神遇"，反而比"目视"更加准确和到位。庖丁解牛，远非一日之功可以练就。"神遇"建立在无数次的经历和重复的基础之上，同时也建立在丰富的经验

基础之上。

如果说滴水不漏的刚性安全制度带来的是必然意义上的安全的话，那么这种安全中的理性直觉则可以给我们带来"偶然"意义上的安全。它来自于我们丰富的安全知识储备，激发于某个也许你浑然不觉的时刻，提醒你某些危险的逼近，使你避开某些从没有遇上过的不确定因素，达到本质意义上的安全。

（作者单位：湖北十堰市供电公司）

"墨菲定律"的启示

刘宝珠

"墨菲定律"指的是，一件事情只要有可能出错，那就一定会出错；坏事有可能发生，就一定会发生，并且会造成最大程度的破坏。这条定律于二十世纪四十年代由美国的一位空军上尉爱德华·墨菲提出。

很多人都有过这样的经历：你越担心房门钥匙忘记拿，某一天房门钥匙果然丢在家中，让你进不了家门；你偶尔因为有事上班早退，越不想让领导或同事看见，越会遇见单位的人……这些事情，其实都可以用"墨菲定律"来解释，小概率事件是会发生的，而且发生的频率要稍高于普通人常识所认定的标准。所以，我们不能忽视小概率事件。

在电力企业安全生产工作中，一些很微小的安全隐患往往容易被忽视。现场施工中，习惯性违章和简化作业程序的现象屡禁不止。也许，有些小的安全隐患和违章行为不会导致安全事故的发生，但这些不良习惯却是发生安全问题、造成安全事故的根源，危险就潜伏在其中。

"墨菲定律"警示我们：某个细节上的疏忽和闪失，都有可能造成极大的危害，只要存在出现错误的可能，那么这个错误将不可避免。因此，我们在安全生产工作中不能忽视小违章，不能简化作业程序，不能麻痹大意、心存侥幸，要从细微处查堵隐患漏洞，将其消灭在萌芽状态。另外，我们还要尽可能地想得周到、全面一些，采取多种安全防范措施，防止偶然的人为失误导致事故的发生。

（作者单位：大唐辽宁分公司）

小动作也能构建大安全

吕超波

供电企业如何实现全员、全方位、全过程管控是当前安全生产亟待解决的难题。综观各基层企业为此采取的多种做法，笔者认为，发动员工拿起手机随手拍身边安全隐患的"隐患随手拍"，这样一个小动作不失为行之有效的举措。

首先，"隐患随手拍"是反违章除隐患的新利器。将遇到的违章情况随手拍下来，并实时发到单位微信群中晾晒，让大家结合《安规》及《电力设施保护条例》进行对照和评判。促使相关人员在众目睽睽下整改、剖析、借鉴，做到举一反三、防微杜渐，可以大大提高广大员工反违章除隐患的积极性，使之成为反违章除隐患的新利器。

其次，"隐患随手拍"是员工学用《安规》的推进器。"隐患随手拍"活动也能引起一些非生产岗位员工的兴趣，有的把拍来的疑似隐患照片逐张对照《安规》进行甄别，然后将分析确认的隐患或违章照片及图解发到微信群晾晒共享，在"理论"和"实际"的交互体验中，员工将《安规》的有关条款记得滚瓜烂熟。

再次，"隐患随手拍"会拍出安全大格局。笔者供职的供电公司在开展该项活动以来，收到照片 138 张，经评估确认有一般事故隐患 12 个、安全事件隐患 10 个、重大事故隐患 1 个，所有隐患由于发现及时均被消灭在萌芽状态。

以前要发现这类隐患，靠的是专业人员的定期或不定期巡检。"隐患随手拍"活动等于让企业遍布在各个辖区、各个岗位的员工都参与巡检，他们走过路过，发现隐患来个随手拍，让安全管理网络的触角更加密集、伸展得更远，形成出安全生产人人有责、反违章除隐患个个参与的大安全格局。

（作者单位：浙江新昌供电公司）

安全管理要经得住骂声

金坚军

2012 年，某县供电公司在内部检查时发现外包施工队有严重的违章作业行为，并由于野蛮施工发生了人员从杆塔坠落严重受伤的事故。外包施工队想把事情遮掩过去，但公司领导意识到事态的严重性，在要求外包施工队停工整顿的同时，主动将该事件上报省市电力公司，该公司超过 5000 天的安全生产周期也因此戛然而止。

终止安全生产周期，预示着同业对标要扣分，要扣罚公司工资总额，对职工的收入带来了冲击，单位部分职工由此认为公司领导干了傻事，是对员工利益的不负责任。

在安全工作中，必须要做到"宁听骂声，不听哭声"，听不到骂声的安全管理是不到位的。要让所有的人员在安全高压态势下，绷紧安全生产这根弦，要让安全管理部门成为整个企业最忙碌的部门，让安监人员成为全公司人见人怕、人见人恨的那一类人，要让每一个参与生产的人员都能自觉遵守安全生产规章制度，严格按照《安规》的要求开展工作，要深刻认识到每一条"安规"都有血的教训，都是以生命的代价换来的。

在安全工作中，加强管理是关键，要坚持从抓标准、抓基础入手，一切流程都要按照《安规》的标准去实施；要做好反违章教育。通过开展安全活动，组织学习上级文件，组织讨论对照自身查找问题，使职工的安全意识和自身防护能力有进一步的提高；要重视安全检查，通过巡视统计将安全问题汇总，及时整改，在工作现场发现的安全问题决不姑息迁就，应立即制止责令整改，并列入公司安全分析会，举一反三，引以为戒。

随着企业用工制度改革的不断深入，职工队伍结构发生了很大的变化，外协工、临时工数量不断增多，管理难度越来越大。部分领导也因为日常工作繁忙，对安全工作往往是说起来重要，干起来次要，忙起来不要。应该说，虽然近年来，各级供电公司对安全生产的要求越来越高、条款越来越细、活动越来越多，但是安全生产的形势依然十分严峻，安全管理依然任重道远！

（作者单位：浙江省常山县供电局）

让我们远离"低头族"

陈丽丽

笔者参加工作第二年的时候，部门来了一个刚毕业的大学生，小伙子踏实能干，可就是有个毛病，喜欢玩手机，工作时抽空就会把手机掏出来看看，看似无关紧要的举动对于生产一线的人员来说却是关乎生命安全的大事。

这不，小伙子因为玩手机差点"玩"出了安全事故。一次在给其他工作人员扶梯子的时候，小伙子一手拿着手机，一手扶着梯子，由于被手机里的内容深深吸引，他完全忽略了梯子上的工作人员。当梯子上工作人员往上爬时，梯子没有扶稳，工作人员和梯子一起倒了下来，幸好爬得不算高，还算幸运，没有出事。

还有一次行车在吊物时，小伙子又犯了"手机瘾"，吊物到了跟前仍无动于衷，直到有人提醒才离开。当然，小伙子因此受了不少批评教育，可依然改不了这个"低头"的毛病。也许是因为没有出事，还不能让他引起足够的重视，然而，事故的偶然性和必然性有着一定联系，谁能够保证他每次都那么幸运呢？所谓安全意识，不光是他人的一次提醒，一句忠告，更是自己内心深处的一种认识。

打电话、发短信、听音乐、刷微博、玩游戏，手机作为必不可少的通信工具，其功能日趋多样化，人们越来越离不开它。其实，我们的周围有很多的低头族，电梯里、马路上、餐厅内、商场里，每个人都想通过盯住屏幕的方式，把零碎的时间填满。我的这位同事也只是其中一员罢了，走路看手机、吃饭看手机、坐车看手机，就连开车也在看手机。殊不知，这类被称作手机低头族的人，已经将自己置于生产事故、交通事故等危险的境地中。因为低头玩手机而忽略安全，造成人身伤亡的事故屡见不鲜。

新的时代，人们有新的生活方法。但是，要远离"低头"，珍爱生命，莫要让"低头"毁了自己和他人一生的幸福。

（作者单位：大唐观音岩水电开发有限公司）

"曲突徙薪"胜于"亡羊补牢"

王 燕

说起今年安全生产月"强化红线意识"这个主题，不由联想到"曲突徙薪"的典故。概意是一户人家盖了新房子，但烧火的土灶烟囱砌得过直，灶旁堆放的柴草离火太近，对于别人的提醒没放在心上，导致酿成火灾。如果听了他人的劝告，就有可能避免这场火灾。

"曲突徙薪"，意即应事先采取措施，防患于未然。而"亡羊补牢"，说的是发生问题后，如果及时补救，仍不为迟的意思。显而易见，"徙薪"胜于"补牢"，也就是防范胜于救灾。强化红线意识的基点——"曲突徙薪"明显优于"亡羊补牢"。电力企业安全管理也应吸取"曲突徙薪"的教训，切勿到了"亡羊"的地步才"补牢"。

一是要规范安全制度管理。通过与时俱进，学会引用借鉴，补正更新安全规章制度，剔除不必要的部分，加入有效可行的内容。二是提高安全执行力。认真落实属地管理安全职责，实现安全理念根本转变、安全制度保障有效、员工行为趋于规范的目标。三是要提升安全标准。不断规范安全管理、规范作业流程、规范作业行为，落实安全生产责任制，不断提升管控标准，逐步形成以先进理念推动安全上新台阶的管理模式。四是要强化安全检查与考核。建立全方位的安全工作监督检查考核体系，周期性地进行检查、整改、再检查、考核的闭环管理。

"无远虑者，必有近忧。"很多时候，我们对安全多了一点轻视，少了一点忧患；多了一点放弃，少了一点坚持；多了一些懈怠，少了一点"较真"，使一些问题要发展到"亡羊"后再"补牢"。电力企业的安全管理面对灾难和危机，只有结合自身的优势，传承并吸取管理经验，以高度的责任感、使命感，切实把"安全第一"的方针真正落到实处，逐步让"曲突徙薪"成为规则，融入员工红线意识，付诸行动，真正把安全工作贯彻到每个触角，有效夯实安全基础。

（作者单位：华能长兴电厂）

优秀奖

"吃堑"与"长智"

娄振华

"吃一堑，长一智"，意思是说遭受一回挫折，得到一次教训，增长一分见识。能够在"吃堑"中"长智"，相对于只"吃堑"不"长智"来说，无疑是值得赞许的。

在安全生产中，许多单位常常以发生的各类事故作为教材，要求从业人员牢固树立"安全第一、预防为主"的观念，认真吸取教训，采取有效措施，防止类似事故再次发生，确保安全生产。但也有些单位接二连三地发生安全事故，只"吃堑"不"长智"。由此，有人便提出：为什么非要"吃一堑才能长一智"呢？为什么不先"长智"再防"吃堑"呢？假使各级各部门牢固树立"安全第一，预防为主"的思想，把国家财产和人民群众生命安全放在第一位，加强安全监管，采取有效措施，还会接二连三发生事故吗？假使各生产经营单位做到安全与效益并重，加大安全投入，严格遵守安全生产法规制度，事故还会频繁发生吗？然而，事故毕竟是血的教训。靠吸取教训来"长智"，付出的代价往往是极其沉痛的。

安全生产工作体现广大人民群众的根本利益，涉及面广、影响力大，既是个经济问题，也是个社会问题。安全是生产的法定条件，不能因机构改变而改变，不能因领导的改变而改变，更不能因领导人的看法和注意力的改变而改变。"吃一堑，长一智"乍看起来有点"马后炮"的味道，但人们也正是从无数的失误和挫折中吸取教训变得聪明起来的。生产经营单位出现了"吃堑"的问题后，要及时找出事故的原因，吸取血的教训，痛定思痛，举一反三，真正把安全生产各项法规制度落到实处，采取有力措施防止事故再次发生。

（作者单位：华电国际邹县发电厂）

红线意识就是底线思维

闫学诗

学习领会中央领导同志关于安全生产的系列讲话精神，深感"红线"意识对于引领供电企业安全发展，具有重大而深远的指导意义。

"安全是根，服务是魂。"有安全不等于有一切，但没有安全就肯定没有一切，共同维护电力生产持续稳定的良好局面，安全压力非常大。

这种安全压力，要求我们"凡事要从最坏处准备"。很多人认为安全是常态，不安全是偶然。但不安全的偶然中肯定存在着必然，无数线路和设备时刻在运行着，其安全风险时刻存在，因此"不安全"才是真正的常态。

在安全上送人情，就是要人命。在日常工作中，我们要用"不安全才是常态"来警醒自己，不断强化"红线"意识，时刻保持高度警惕，对可能出现的问题做好预测，善于发现和分析，时刻想着不发生问题不等于没有问题，要全方位思考，从不同角度找漏洞。

讲风险，并不是只要安全不要生产，我们的最终目的是为了争取最好的效果。不能说担心出问题就什么都不干了，安全的价值在于安全本身的价值和它能够创造出来的价值总和。如果面对风险不敢承担责任，不敢得罪人，风险肯定会无限扩大，更谈不上创造价值了。

用"红线"思维实现安全发展，用人是关键，各级管理人员要大胆管理，严格要求。在安全管理方面，员工要说实话、讲真话；管理人员要知实情、办实事、出实招。

安全生产是永恒的话题，当前正值迎峰度夏时期，我们要始终坚守"红线"，切实保障人员的生命安全和电网的稳定运行。

（作者单位：河北衡水桃城区供电公司）

坚守不可逾越的安全红线

张　虹

今年安全生产月的主题是"强化红线意识，促进安全发展"。红线是禁区，是不可逾越的安全警戒线。尊重生命，保护健康，是安全生产最根本的目标任务，也是企业自身发展的切实需要。

红线是生命线。生命宝贵，不能复制。电力生产中，操作者是人，生产设备的主人是人，工作环境的维护者是人。可以说，只有"人"才是至关重要的。把保护人的生命作为首要任务，才有可能创造辉煌的事业，才能实现人生价值。

红线是责任线。无论是谁，一旦进入工作现场，肩上就有一种无形的责任，这就是对生命、对家人、对社会和人民的承诺。落实承诺，需切实保证"不伤害自己、不伤害他人、不被他人伤害"。落实责任，关键要用心。用心，则时刻保持警醒，不敢麻痹大意；不用心，则行动迟缓，遇事马虎，安全生产无法保证。

红线是高压线。安全无小事，生命大如天。坚守红线意识，要正确处理安全与发展、安全与效益的关系。当前，电力企业正进入迎峰度夏时期，机组长周期、高负荷运行，人员、设备已处于高度紧张状态，安全生产中的任何一点疏忽，都可能造成严重的安全事故。要加强安全教育，深化安全整治，落实安全责任，完善考核机制，形成良好的安全氛围。

夏季用电高峰和汛期即将到来，当前的首要任务是加强安全生产基础管理，做好迎峰度夏和防大汛的准备工作。高温季节设备容易"发烧感冒"，要加大日常检查维护力度，加强参数分析和异常分析，及时采取有力措施，充分发挥现有设备的生产能力，确保系统安全稳定运行。夏季连续作战，人员容易疲乏，要严格遵守安全生产"双十禁令"，补短板，练内功，夯实安全基础管理，全力创建本质安全型企业。

（作者单位：大唐湖南分公司）

创新筑牢安全基础

李晓华

安全管理需要不断创新。笔者供职的供电公司成立了安全创新工作室，积极培养干部员工的创新意识、创新能力，并为之提供创新空间，实现创新工作常态化、制度化，收到了良好效果。截至 6 月 25 日，公司实现连续安全生产 5944 天。

管理创新——安全督察员轮流当。安全管理不能"蜻蜓点水"一掠而过，要让蜻蜓"扎深猛子"，才能筑牢安全防线。这个"深猛子"如何扎，生产一线人员心里最有数。在一线工作久了，每个人对安全管理都有自己独到的见解和认识，并且个别员工还多多少少有过一点违章的经历，对如何杜绝违章现象心知肚明。让生产一线的班组成员轮流担任安全督察员互纠互查，看谁查出的问题多，看谁的督察期内零违章，不仅能提升安全督察人员的兴趣和积极性，还能充分激发一线作业人员的工作责任心和主观能动性。

技术创新——革新安全防护工器具。实践证明，不少安全工器具需要不断的革新和完善，才能适应新形势下的安全管理需要。以安全防护围栏为例，电力系统普遍使用的安全围栏只是由安全警示带、支撑主钢管与底座组成，它只能起到简单的警示作用。有时候这种围栏就是聋子的耳朵——摆设，对违章作业的警示作用不大。鉴于这种情况，公司研发了一种太阳能闪光语音报警安全围栏，围栏上的闪光警示灯能给予现场人员视觉警示；红外语音示警器及警报器，能给予听觉警示。

将安全管理创新与安全工器具的技术革新相结合，能形成多渠道、全方位的安全管理模式，进一步筑牢安全基础。

（作者单位：山东单县供电公司）

安全宣传工作通俗一点好

胡文革

若干年前，笔者观摩了电建企业某项目部在工地举办的安全演讲比赛，获得一等奖的不是安全员、不是搞文字工作的，也不是大学生，而是一位一线的农民工凭借一段声情并茂的安全快板拔得头筹。很多参赛选手不服气，论演讲的专业水平他比不过安全员，论稿件的严谨性他拼不过大学生，凭什么他得第一？评委说他的现场效果是最好的，快板台词也朗朗上口。若干天后，电厂工地上的工人们忘记了其他选手的演讲内容，唯独安全快板流传开来。通过这件事，笔者认识到，安全宣传通俗一点效果更好。

二十世纪八十年代，我国首部反映安全生产的电影《笑比哭好》，因为不是很精彩，所以电影的内容早被忘光了，好在王洁实、谢莉斯演唱的插曲《笑比哭好》，歌词通俗易懂，颇有观众缘，《笑比哭好》也成为一首安全宣传的经典歌曲，它的传唱使得大家的安全意识得到了加强。

系统内有报纸连续两年举办安全漫画大赛，漫画内容丰富，是空洞的文字无法比拟的，它比文字更鲜活，更容易让读者接受。

笔者去某交警大队办事，发现其门口玻璃橱窗内展示了惨烈车祸中报废的一辆宝马轿车，看到它的那一刻，该是怎样触目惊心的震撼！这种安全宣传效果是多少文字也达不到的。

俗语、歌曲、图画、现场，这些较直观的东西容易被一线职工接受，因此安全宣传工作还是通俗一点效果好！

（作者单位：中国能建西北电建有限公司）

安全切忌"管理疲劳"

李 飞

科学表明，人在生理上存在着疲劳极限，主要表现为"累"。安全管理也是同样的道理，从理论上讲，一个企业的安全工作长期抓得严、细、实，员工安全生产的综合素质较高，那么这个企业的安全管理疲劳极限出现得就迟，安全生产周期也就较长；反之则这个企业的安全管理疲劳极限就会较早出现，安全生产周期也就相应较短，易导致事故多发，且容易形成恶性循环。

在企业安全管理中，安全管理"疲劳期"体现在多个方面。要预防和推迟安全管理疲劳极限的出现，就要求安全管理者要主动搞好安全管理，变"事后追查"为"事前预防"，使广大基层员工实现从"要我安全"向"我要安全"的本质转变。

克服安全"管理疲劳"，各级安全管理者必须严格执行各项安全规章制度，以身作则，教育和引导全体员工坚守工作岗位，尽职尽责。严查细管安全现场，对存在的安全隐患，认真整改，狠抓落实。要严抓工作作风，现场督查到位，切实履行好安全职责，决不能应付差事。

克服安全"管理疲劳"，基层生产单位必须认真对待重复隐患，加大查处力度。要完善安全信息闭环管理制度，建立隐患排查治理档案，严格执行安全状况分析、班组安全生产隐患排查和周分析制度，抓住薄弱环节，解决突出问题。要有针对性地从隐患排查、筛选整理、整改反馈等环节严格控制，实现闭环管理。

克服安全"管理疲劳"，全体员工必须时刻绷紧安全生产这根

弦。安全只有加油站，没有终点站。必须克服存在于干部员工身上的"思想松、纪律松、管理松"现象，各项制度、规程和措施不仅要写在纸上、挂在墙上，更要落实到行动上。

（作者单位：山东东平县供电公司）

安全检查勿"简查"

张海生

安全检查是监督各级人员贯彻安全工作方针政策是否到位，并及时发现安全隐患进行整改的重要手段；是增强各级人员安全意识、提升安全生产水平的重要抓手；是确保电力企业安全生产的重要一环，作用不可小觑。

在当前的安全检查中，还存在一些不尽如人意的地方，主要表现在检查过程中走马观花、马马虎虎，犹如蜻蜓点水而不够细致，缺乏严肃认真的态度；对查出的安全隐患，不是采取有针对性的措施加以整改，而是大事化小、小事化了，没有达到安全检查督促安全隐患整改的目的。如此，安全检查也就变成了注重形式、内容简单的"简查"。

针对这些现象，检查人员要树立大安全意识，杜绝安全检查过程中一切形式的"简查"，时刻如履薄冰，如临深渊。不断提高警惕，居安思危，防患于未然，切实达到安全检查的目的。

检查要"诚"。安全检查需要诚实守信。检查人员要按照严、细、实的工作标准，做到横到边，纵到底，不留安全死角。对安全工作中粗心大意、丢三落四的要进行严厉的批评教育。对执行上级安全工作方针打折扣的行为，要不定时地杀个"回马枪"，增强安全检查的主动性。

检查要"敢"。要敢于向不安全行为"亮剑"。安全检查就应该像"包公"一样铁面无私，对检查出的安全问题要不讲情面，坚决予以惩处。要抱着对被检查单位负责的态度，对安全管理是否闭环、安全规章制度是否完善、作业现场安全措施是否有效等进行"挑刺"，进而提出好的方法措施，不断提升安全生产水平。

检查要"真"。既然是安全检查，就要认真。对一些细小的不安全行为要较真，不能视而不见，要"小题大做"，认真分析，举一反三，做到不达目的绝不放过。此外，安全检查还要坚持原则，不搞"下不为例"，不得纵容违章。

（作者单位：河南襄城供电公司）

安全生产谨防"爆冷"

陶双成

笔者是一名体育爱好者，经常看体育比赛，也经常看到"爆冷门"。

6 月 19 日，一场刚刚结束的巴西世界杯 B 组小组赛，卫冕冠军西班牙队 0 比 2 输给了智利队（6 月 14 日小组赛 1 比 5 输给荷兰队），连输两场，淘汰出局，无缘 16 强。体育比赛爆冷门有外因，也有内因。外因是对手自身具备一定实力而且有备而来，内因是本队状态不佳或者轻敌大意，内外因结合，导致比赛结果令人失望。

笔者由此想到了电力企业的安全生产工作。在实际工作中，一些单位、一些部门时常会在安全生产形势一片大好的情况下，突然发生一些安全事故，颇有爆冷门的意味。但是，当我们静下心来仔细分析事故的起因，竟然发现事故隐患其实长期存在，只是由于我们的麻痹或疏忽，置之不理或重视不够，致使各种不安全因素累积到一定程度，在特定的条件下、不确定的时间内突然发生了。

正所谓"冰冻三尺，非一日之寒"。安全生产事故的发生看起来很偶然，但实际也许是必然的；说起来像"爆冷"，但实际冷门不冷，就如同足球彩票的胜负场，往往是稳胆最后变成了破胆。

笔者认为，抓安全生产工作就如同进行一场体育比赛。古人云："知己知彼，百战不殆。"我们要想取得安全生产工作的长治久安，就必须对存在的安全隐患、各种不安全因素做到心知肚明、了如指掌，并制定具体的防范措施，认真整改安全隐患，否则一大意，说不定就会爆出个冷门来。

安全生产，责任重于泰山。安全生产要谨防"爆冷"，而且要坚决杜绝"冷门"。今年 6 月是全国第 13 个"安全生产月"，确保安全生产是我们每一名供电企业员工义不容辞的职责和必须完成的使命。我们必须严格按照各项安全要求，严查安全隐患，消除安全死角，堵住安全漏洞。

（作者单位：安徽灵璧供电公司）

"五心"构建班组安全防线

蔡　婷

班组是企业各项工作的落脚点，发挥班组在安全管理中的重要作用，除了要有健全的规章制度，完善的班组机构，还需要班组在日常管理中多一点爱心，业务培训上多一点耐心，管理过程中多一点细心，制止违章作业中多一点"狠心"，安全生产中多一点"恒心"。只有用心构建安全防线，安全基础才能更加牢固，安全工作才更有保障。

多一点爱心。班组安全管理中，只有充满爱心，才能真正做到"安全第一"，才能把安全工作落到实处，反之，就会出现讲面子、走捷径、抢成绩，做表面文章。只有生活工作在一个充满爱心和团结的班组中，职工才会具有爱心，才会在工作中相互配合，才能自觉地执行各项安全规定，做到"不伤害自己，不伤害他人，不被他人伤害"。在班组中，只有像关心自家人一样去关心和理解班组成员，为他们排忧解难，解除后顾之忧，才能使他们轻装上阵，真正做到一门心思保安全。只有管理者了解班组成员的思想状况，才能及时发现职工的不稳定情绪，及时调整工作安排，及时防范危险因素，防止事故发生。

多一点耐心。安全掌握在每个职工的手中，因此，班组管理中要重视对职工的教育培训工作，要不厌其烦，耐心、细致地做好职工技术培训工作，不断提高职工的业务技术素质，使职工懂安全，会安全，避免工作中的盲目蛮干。天天讲安全，事事讲安全，结合工作实际，结合血的教训，做好职工的安全思想教育，才能不断强化职工的安全意识，增强职工的安全责任心。

多一点细心。"千里之堤，毁于蚁穴"，安全工作容不得半点马虎。在班组安全管理中，只有心细，才能找出问题，发现隐患，将事故消灭在萌芽状态。班组是企业各项工作的最终执行者，所以班组安全管理只有细心，才能做到事事有人管，人人尽职责。班组管理直接面对的是每一位职工、每一件具体的工作任务，需要解决的也是一个个具体问题。经常遇到的是"这件工作由谁来做，怎么做，应该注意什么"之类的小问题，所以，不细心万万要不得。

多一点狠心。对待反违章工作要狠下功夫，不能心慈手软，要多一些"狠心"，力戒姑息迁就。在很多时候，违章作业不是没被发现，而是碍于情面，或者出于这样那样的原因，对其不理不问，听之任之，最终酿成大祸。只有在班组安全管理中下"狠心"，去反违章、消灭违章作业，才能创建"无违章班组"，实现"零事故"。

有了爱心、耐心、细心和狠心，还得有恒心，就是要持之以恒地做好安全生产工作。只有这样，班组的安全管理工作才会扎实有效，安全基础才能不断得到巩固。

（作者单位：浙江黄岩供电公司）

不良作业心理要不得

王浩岩

记得刚参加工作的时候，公司每天都会安排各个部门的领导，为我们这些新员工宣传企业文化，传授工作经验，每一次都离不开"安全"这个话题。我接受了一个安全理念——"不伤害自己，不伤害他人，不被他人伤害"。认识了安全的敌人——"麻痹，大意，不负责任"。时至今日，已有一年工作经验的我，在目睹了电网伴随着新技术、新投入飞速发展的同时，深刻体会到保证电网设备安全就是基层电力工作者可靠的安全保障。

在日常工作之中，切记不能让那些不良的作业心理成为习惯性违章的温床。

有一种人过分相信自己的"经验"，听不进别人的劝言，不接受新的防护措施或新的操作方法，凭借自己的"经验"作业，不遵守安全规程，造成事故的发生。从众心理，是适应群体生活的一种心理反应，不和大家一致就会有压力。如进入作业现场应该戴安全帽，"感觉没什么危险，大家都不戴安全帽，那我也不戴"。这种从众的集体性违章严重威胁安全生产，但如果是在一个安全秩序好的大环境，从众心理又会起到巩固安全生产的作用。

在安全生产中保证人身安全首先就要消除这些不良的作业心理，从思想上掐灭违章的苗头。我们不能亲身经历了一次事故、一场灾难才意识到安全的重要性，只有树立正确的安全生产观，才能做到"不伤害自己，不伤害他人，不被他人伤害"，消灭"麻痹，大意，不负责任"三大安全敌人，最终实现安全生产目标。

（作者单位：广东惠州供电局变电管理二所）

考卷过关不算真过关

宋明刚

每年的岁末年初，或者有新员工上岗，单位都要组织《安规》考试。《安规》考试是强化员工安全意识的有效途径，很有必要。但笔者认为，《安规》考试过不过关，不能只看考卷。

"纸上得来终觉浅，绝知此事要躬行。"为使员工更好地熟知和落实《安规》，笔者认为，除了进行理论考试外，还应从以下两个方面进行尝试。一是将《安规》考试由"笔试"延伸到"身试"。有句俗话说得好，是骡子是马拉出来遛遛。《安规》考试考得好，不代表《安规》执行得好，笔试"过关"不如现场"上马闯关"。比如，可以让一部分人进行现场模拟作业考试，让他们找出模拟现场设置的违章行为，通过身临现场，吃透《安规》。二是增加员工能力考核。比如可以让员工现场填写工作票和操作票，现场制定应急抢修预案等等，这些都能加深员工对《安规》的理解和熟练应用。

对新员工的"安规"考核，应从笔试、现场考试和能力考核等方面进行评定，通过理论与实践的有机结合，培养员工的实际操作能力，增强安全意识，确保"考有所得"。

（作者单位：山东枣庄供电公司）

抓安全要做到四个不掺假

王光辉

安全，对于企业来说是个老生常谈的话题，也是一个永恒的主题。安全生产过程管理从安全制度建立、安全教育管理、安全监督管理、分析处罚管理到事故后管理都应该形成闭环管理。在监管过程中要挤干水分，杜绝、避免事故后管理。笔者认为，抓好安全生产工作，应做到四个不掺假。

安全责任落实不掺假。要把安全生产责任落实到各个环节、各个岗位，做到"纵向到底、横向到边"。纵向到底即从员工到各级领导要按安全生产目标四级控制要求，对各项安全文件、规章制度和安全措施逐级逐项分解；横向到边即要整合企业各部门力量，充分发挥职能优势，全面落实领导责任、技术责任、监督责任和现场管理责任，构筑企业安全生产工作合力。

安全教育不掺假。一要自上而下宣传贯彻上级的安全理念。二要抓好安全培训和安全活动日的工作。要分层次、分类别、分时段地对员工、外来人员、新进厂人员进行培训。三要利用安全心理效应抓好安全教育的重点培训。要抓住不同时期员工的安全心理状态，进行因时、因人、因势而异的安全教育，形成安全心理共鸣，强化员工自我保护意识。

安全制度执行不掺假。要提高制度的执行力，就必须要做到有章必循。首先要提升企业管理者的安全意识。其次要加强制度约束，加强生产现场管理，加大监督力度，对各类违章行为严厉处罚，决不姑息迁就。此外，还要发挥安全监管部门的作用，切实解决安全生产制度不健全、安全措施不到位、安全设施投入不

足、安全生产责任制不落实等问题。

安全检查不掺假。要认真落实"四不两直"工作要求。各级领导干部要切实"放下架子、迈开步子、扑下身子、定好尺子"，直奔现场、直查全部，对安全生产工作实施全方位、全过程督查；各级安全管理人员要以"不发通知、不打招呼、不听汇报、不陪同检查"的方式开展安全督查和复查工作，针对检查中发现的安全隐患，彻底落实整治，及时消除各类隐患，增强检查实效。要积极建立"岗位自查制度"，由岗位员工依据岗位安全规程进行自我检查，完善岗位的安全作业环境、提高岗位本质安全的条件、规范岗位的安全标准化作业。各级安全管理人员对安全生产要有较真的劲头，从细微处着眼发现并消除滋生安全隐患的死角，不放过可能影响安全生产的任何细节和事故苗头，让事故隐患无处藏身；对安全事故、安全隐患、安全责任决不能心慈手软，要有明确的责任制、问责制。

（作者单位：大唐国际北京高井热电厂）

安全管理不能有"差不多"

王君田

在日常工作中，我们常听到这样的回答："工作准备好了没有？""差不多了。""工作完成没有？""差不多了。"……时间一长，"差不多"便成为我们工作生活中的口头禅。

然而，在安全工作中不能有半点马虎，更不能有"差不多"的思想。

在安全管理工作中，有些该检查的没有查到位，该按规章办的没有按制度去执行，这些看似不起眼的安全小事，日积月累就会引发大事故。常言道："失之毫厘，谬以千里。"不出事则已，一旦出事追悔莫及。安全生产不能存在侥幸心理，安全管理上不能有"差不多"，只有不折不扣地执行安全规章制度，严格遵守安全纪律，才能实现企业安全生产的长治久安。

企业每时每刻都在重申着安全生产的重要性，不断提醒大家要规范操作、安全生产，要完善各项安全生产规章制度。然而，事故还是像草原上的野草一样不断冒出来。究其原因，正是一些员工安全生产意识不强，存在侥幸心理，总感觉自己的安全工作做得"差不多"，在生产操作中为了图省事而做出一些看似细小的违章行为，最终酿成了大的安全事故，导致灾难的发生。联想到我们的实际工作，在目前电网建设大发展的背景下，各项安全管理和安全措施都应该加强，结合实际搞好现场安全管理工作，是全体员工义不容辞的责任，只要大家都为安全多说一句话，安全管理上就可以做到没有"差不多"。

电力企业的安全工作一定要细致入微，在现场要认真做好特

定环境下的安全防护工作，务必要谨慎小心，防微杜渐。在安全思想上要有明确的认识，自觉自愿地将安全责任制落到实处，从思想上根治"安全说起来重要，做起来次要，忙起来不要"的顽症。为了企业长治久安，为了家庭幸福美满，在安全管理上真不能有"差不多"的思想。

（作者单位：山西阳泉供电公司）

善待每一句提醒

马　烈

在安全工作中，经常会遇到一些善意的提醒。这些善意的提醒，对我们的安全工作是十分有益的。可是，有些人往往会忽视这些善意的提醒。他们对别人善意的提醒不以为然，当成耳旁风，甚至对提醒者以"多管闲事"来反唇相讥，其危害不可估量。

我们都明白"当局者迷，旁观者清"这个道理，每个人在长期的安全工作中都可能有注意力分散、粗心大意的时候。例如，在某一个小型作业的施工现场，有名职工不知道是什么原因忘记了戴安全帽，经别人的提醒他才戴上了安全帽，就在这时，电杆上突然落下一个金具，恰好砸在他的安全帽上。他这时才感觉到一种从未有过的后怕，若不是别人的善意提醒，就会造成人身伤害事故。他非常感谢工友的提醒，使他免遭伤害。

善待提醒，当听到他人提醒时，头脑要冷静下来，一丝不苟地检查自己的所作所为是否违章，会不会给自己给他人造成危害、带来危险。一旦发现自己违章，就应立即改正，避免错误继续下去，形成祸端。也许，有些善意的提醒一开始还看不到益处所在，但是，如果当事者放任自流，自负独断，不听劝阻，那就很可能付出百倍千倍的代价。

在安全生产中，我们如果能做到善待每一声提醒，安全就多了一层保护的屏障，发生事故的概率就会降低许多。

（作者单位：国电东北电力有限公司）

莫因图快偏了道

万木林

曾经有一场田径比赛让我记忆深刻：一位运动员把对手远远地甩在后面，第一个冲过了终点。正当观众站起来为这位运动员欢呼喝彩时，裁判员却宣布他因偏离了自己的跑道而违规，成绩无效，最终遗憾地与冠军无缘。

这名运动员尽管有着过人的实力，但最终却因为偏离了跑道而与冠军失之交臂，甚至连名次都没有，实在令人惋惜。相信很多人都认为比赛中速度快的就一定会成为最后的赢家，其实不然，因为速度只有在"规则的笼子"里才能算得上成绩。否则，这种速度就只能等于零。

由此及彼，在安全生产中，同样存在着一些因为盲目图快而偏了道的问题。在日常作业时，图快和简化作业程序总是相伴相随的。总有些职工以快为借口，干活图简便、省事，怎样干着顺手就怎样干，怎样干着简便就怎样干，把标准化作业程序抛至九霄云外，在工作中随意简化标准和程序。或许这些职工认为，少呼一句、少走一步、少看一眼，应该也不会有什么大事。但事实证明，大部分事故的发生都是由一次次不起眼的小违章堆积导致的，当小违章越积越多时，事故的发生就成了必然。

安全生产来不得半点虚假，在作业过程中，我们一定要严格遵守各项规章制度，坚决维护规章制度的权威性，不闯"红灯"，不踩"红线"，时刻用"安全"二字去检验和衡量每一次作业行为。

只有在"规则的笼子"里开展工作，才不至于跑偏道，才会使作业中的"快"转变成"好"，使安全生产平稳有序。

（作者单位：国电沈阳热电有限公司）

离桌角远远的

高　健

"离桌角远远的。"当我刚会走路时，妈妈就常这么告诫我。那时家里的桌角、柜角都与我头部齐高，很容易碰到头。于是，远离桌角就成为我人生中的第一道安全红线。

2013年，我来到电力行业工作。初进电厂，看到令人肃然起敬的工业建筑，当时还感受不到这精密而富含逻辑的雄美建筑中隐匿着多少危险。管道曲折蜿蜒，汽机嗡嗡作响，锅炉侧隐隐地悬浮着一些煤灰。

三级安全教育把电厂里潜在的不安全因素展现给了我们——电气误操作、旋转器件、高压蒸汽、易燃易爆气体……比起生活中的危险，生产中的危险更密集、更具杀伤力。"两票三制"是防止生产事故的有效手段，按票行事固然可以避免误操作带来的事故，但在工作开始前的防护准备却常常做得不够完善。

前不久我去实习，在某厂发现这么一个安全问题，有一项工作需要搭建脚手架才能进行作业，脚手架高4米左右，登上脚手架须使用高挂低用的安全带，可是上面并没有设置安全带悬挂处。当然有的员工可能有侥幸心理，觉得把安全带挂在脚手架上，低挂高用，还是有一点安全系数的，却没有意识到，此举要么绝对安全，否则就是不安全。

一个人打破侥幸心理还不够，因为安全不只是一个人的，而是与周围的人联系在一起的，大家都听说过"一颗螺丝打破一锅汤"的故事，只要有一个人缺乏安全意识就可能伤害到周围的伙伴。电厂要促进安全发展，就要把安全意识糅进每个人的心里，笔者认为每两个月进行一次班组安全教育很有必要。对于安全，要时时提醒着才能够形成条件反射，稍有放松，安全意识就松懈了。

我们要反复提醒自己，让生产与生活中的每一条安全红线都能像"离桌角远远的"这句话印在我的心中，也希望能印在每一名员工的心中，形成一种"你在，或者不在电厂，安全意识就在心里"的认知，离"侥幸心理"远远的，这样我们才能"彼此携手、安全生产"。

（作者单位：江苏徐州华润电力有限公司）

用"木桶效应"荡起安全双桨

黄融兵

众所周知，在现代管理学领域有一个著名的"木桶原理"，它最早是由美国管理学家彼得提出的。其核心内容大致为：一只沿口参差不齐的木桶，它盛水的容积多少，决定权不在于安装在木桶上那块最长的木板，而关键取决于最短的那块。这个极为巧妙而别致的理论因其适用的场合和范围之广而被人们广泛接受和应用，并称其为"木桶效应"或"短板效应"。

从发电企业的安全生产角度来看，由"木桶效应"衍生的启示同样能对我们的工作起到警示和促进的作用。一个木桶就好比一个企业整体的生产状况，而木桶上的短板就代表着生产过程中存在的安全薄弱环节。针对电力企业特殊的工作环境和工作性质，我们必须强化短板管理，夯实安全基础，从而有效地杜绝安全事故，坚守生命"红线"。

首先，我们要对生产中存在的安全"短板"明察秋毫。"细节决定成败，细节成就卓越"，一些看似微不足道的小细节往往是酿成安全祸患的导火索，这些导火索就是安全生产的"短板"。因此，我们要时刻以严谨认真的态度对待工作中的每一件小事。比如：倒闸操作的流程一定要按部就班来完成，一个操作顺序的差错就有可能造成重大的人身伤亡事故；日常巡视工作一定要到位，哪怕是只有丁点瑕疵的小螺丝都有可能导致设备遭到严重的损坏；高空作业一定要佩戴好安全带和安全帽，因为偶尔的一次疏忽就有可能酿成不可挽回的终身遗憾；"两票三制"的执行力度一定要加强，稍稍的顾此失彼就有可能埋下重大的安全隐患。总而言之，百密一疏终归是祸患的根源，防微杜渐、一丝不苟的工作作风才是保证安全的硬道理。

针对发现的安全"短板"现象，我们必须采取有效的措施来应对，比如：严格遵循"两票三制"，切实执行"三讲一落实"，时刻牢记"十条禁令"，强化规范电业规程，有效制定防洪预案等措施。用一系列铿锵有力的制度和行为与"违章、麻痹、侥幸"三大顽疾作斗争，把安全隐患消除在萌芽状态。只有攻克了企业安全的"短板"，我们才能真正撑起安全生产的一片蓝天。

（作者单位：大唐集团广源水力发电有限公司）

安全生产管理应区分四种境界

尹卫国

安全是经济及社会发展的必要前提与保障，缺失安全的发展，一切都归零，不仅不能造福社会与百姓，而且会给人民群众生命财产带来巨大损失甚至是灾难。

电力是工业的"血液"，是国民经济的"先行官"，是给社会及千家万户传递光与热的"光明使者"。电力安全生产事关重大国计民生，不可有丝毫懈怠。做好电力安全生产有两个关键词，一是"未雨绸缪"。古人云："凡事预则立，不预则废。"安全管理工作做得越充分、越具体、越周到、越细致，隐患演变成事故的概率就越小。二是"超前管理"。要善于摸索规律，电力安全生产是有规律可循的，譬如气候规律，夏季天气炎热，容易发生设备爆炸事故；冬、春季节空气干燥，容易发生火灾事故等。

笔者以为，安全生产管理应区分四种境界。一是将"羊圈"扎牢，力求做到万无一失，不发生任何事故，这是上策。二是发现"羊圈"有问题赶紧"补牢"，防止"亡羊"，这是中策。三是"亡羊"后再"补牢"，这是下策，不可取。最可怕的是第四种，"亡了羊"不"补牢"。人非圣贤，孰能无过，要求所有企业的安全工作都达到尽善尽美、万无一失，可能有一定难度，但做到"先补牢防亡羊"应该是不难的，只要认真检查，就能及时发现问题与漏洞，消除"羊圈"隐患。

遗憾的是，现实中，有的企业把安全管理的档次和水平降低到"亡羊补牢，犹未晚也"，不愿在预防事故方面多做努力。这主要是因为侥幸心理和麻痹心理在作怪，是消极应付的安全管理。羊跑了再去修补羊圈虽然算是知错即改，可毕竟造成了损失。如果发现羊圈有漏洞，就及时修补不让羊跑掉，岂不更好？！

（作者单位：江苏南京热电厂）

现场安全要从细节抓起

张　彬

是否强化红线意识，关系到个人的生命安危，也关系到企业兴衰，坚守不可逾越的红线，企业方能保障安全生产，员工方能拥抱健康生活。

保证员工的生命安全和职业健康是企业义不容辞的责任，电建企业要坚决贯彻落实"安全第一"的生产方针，不断强化个人安全意识，防止事故的发生。只有每个人都不逾越安全红线，才能保障员工的家庭幸福，才能营造员工平安、企业稳定、社会和谐的良好氛围。

项目工地是电建企业的前沿阵地，施工现场的安全工作周密与否，直接影响到企业的安全发展全局。要做好施工现场的安全建设，必须系统学习安全法规和企业的安全规章制度，并严格落实执行。坚持以铁的制度、铁的面孔和铁的手腕来惩治违章。在施工中要保持清醒的头脑和严谨的作风，密切联系现场实际制定防范措施。技术人员要对施工人员做好安全技术交底，搭设、检查好安全设施，坚决杜绝不熟悉施工环境、违章指挥、违章作业的行为，每个人时刻绷紧安全这根弦，发现安全隐患和不安全行为，要及时排除和制止。

"安全生产"是永恒的话题，在电建施工现场我们所面对的大多是高危作业，安全工作无小事，我们要以高度的责任感投入到工作当中，认真履行安全生产责任，从自身、从小事做起，从最细小的问题、最"低级"的错误抓起，把这些近乎苛刻的细节要求当成是安身立命的保障，不可忽视。

让我们以全国安全生产月为契机，不断强化红线意识，深化"以人为本、关爱生命"的安全理念，共同吹响永不锈蚀的安全冲锋号，永远与快乐安康相伴。

（作者单位：中国电建山东电建一公司）

2015 年

一等奖

安全生产应扫"忙"

江 镇

时下，一提起安全生产，听到最多的是重视，看到最多的是忙碌，忙开动员会、隐患排查、培训考核、总结提高，忙得是"五加二""白加黑"。然而笔者发现，我们有少数地方，看起来安全工作忙得不可开交，事实上问题"涛声依旧"，隐患"我行我素"，事故"卷土重来"，究其原因是忙不得法、忙不择路。

笔者认为，开展安全工作"忙起来"固然是好事，然而一定要有计划、有目的，对一味盲目盲干的"忙"，不仅不能提倡，还应大力清扫。

应扫去"忙中添乱"。有的地方开展安全工作没有重心、没有重点，不分轻重缓急，导致界面清晰的工作模糊化、简单的工作复杂化，这种"画蛇添足"的做法，势必使安全工作乱糟糟，解不开理还乱，得不偿失。

应扫去"忙中出错"。安全工作环环相扣，任何一个规程，任何一个操作，都不能掉以轻心，要不折不扣执行到位；然而有的地方由于安全工作没有一个周密的部署和规范的管理，造成"顾首不顾尾"，以致小错不断，漏洞百出，继而酿成大祸，造成不可挽回的损失。

应扫去"忙里偷闲"。抓好安全工作，要通过不断强化学习，

熟悉掌握操作流程和运行规律，方能确保工作时得心应手，轻松自如。有的地方安全事故往往出现在经验丰富的"行家里手"中，究其原因，自认为熟悉了、掌握了，而抱着侥幸心理图省事，让流程"缩水"，让制度"精简"，以减轻工作负担，如此"忙里偷闲"，只会使隐患"潜伏"，成为引发事故的"导火索"。

古语曰："没有规矩，不成方圆。"要把安全工作抓紧抓实，来不得半点马虎，容不得半点侥幸，既要扫去盲目跟风的思想，摒弃管理"盲区"，亦要扫去瞎忙、空忙的错误行为，做到"忙而不乱，忙而有序，忙而有效"，唯有如此，才能确保安全之花常开不败。

（作者单位：江西省乐平市供电公司）

莫做安全生产"寒号鸟"

刘宝珠

记得上小学的时候，课文中有一篇文章，名字叫《寒号鸟》，里面讲了一个关于寒号鸟的故事：天气好的时候，寒号鸟不抓紧时间修窝筑巢，却睡懒觉。冬天来临，它便冻得哀号："哆罗罗，哆罗罗，寒风冻死我，明天就垒窝。"可是到了第二天，它又晒着暖暖的太阳睡懒觉，最后被冻死了。

这则故事告诉我们，做事情如果老是得过且过，一拖再拖，最终会置身于无法挽回的境地。在安全管理工作中，我们身边不乏一些类似于寒号鸟的职工，在面对人身安全和作业安全的时候，总是摆出一副得过且过、一拖再拖的架势，"安全第一""安全生产大如天"的警句天天挂在嘴边，但是一到现场实际作业，侥幸心理就开始作祟，经常少走一步、少看一眼、少干一点，总认为自己离事故很远，结果酿成了大祸。

由此可见，莫做安全生产的寒号鸟，必须在第一时间解决问题，也就是对安全问题要"马上解决"。分析一些电力企业的事故案例，就会发现都有"问题—隐患—事故"的发展过程，所以在第一时间解决问题，就有可能避免事故的发生。

"马上解决"需要安全风险意识。一些单位安全问题之所以积重难返，就是因为管理人员和作业人员缺乏安全风险意识，对安全问题熟视无睹，造成"养问题"的现象。我们必须树立安全风险意识，认真学习规章制度，保持对安全问题的高度敏感性，不要让"千里之堤，毁于蚁穴"那样的悲剧在安全生产中重演。

"马上解决"需要不过夜的精神。"马上解决"剑指"等靠要"

的安全管理痼疾，在实际工作中，许多安全问题不是没有被发现，而是未能被"马上解决"。对安全问题，能当场整改的应当场整改，不能当场整改的也要实行首问负责制，由问题发现人牵头组织整改。

"马上解决"需要一盯到底的责任心。对于不能当场解决的问题，不应该一查了之，而应该一盯到底，建立问题库，制定并实施临时性安全防范措施，落实责任人和整改时限，确保问题得到彻底解决。

（作者单位：大唐国际发电股份有限公司辽宁分公司）

"五行之法"固安全

曹　磊

　　古人云："天有五行，水火金木土，分时化育，以成万物。"意思是宇宙万物都是由水火金木土五种基本要素组成的。在漫漫的历史长河中，这种古代朴素唯物主义哲学已流传千百年，贯穿于华夏文明之中。作为一名从业多年的电力一线员工，笔者认为，在电力行业日常安全管理、风险管控、安全教育等工作中，也存在"五行之法"。

　　水曰润下，所谓润下者，预防、防范之意也。

　　在电力安全工作管理中，就需要防微杜渐，将事故扼杀在萌芽状态。以排除隐患、杜绝漏洞为基础；以电网安全稳定运行、设备正常工作为目标；强化安全基础管理，把问题考虑在先、把风险辨识在先、把事故扼杀在萌芽状态。将隐患、事故的发生概率降至最低，构筑牢固的安全长城。

　　火曰炎上，代表礼，礼者，制度也。

　　俗话说，无规矩不成方圆，任何事都要有规矩、规则、做法，否则无法成功，安全管控尤为如此。电力行业的指导性规章制度可从宏观上指导现场人员安全作业，但涉及一些细节和地方性差异问题，就需要地方性的导则、方法。

　　金曰从革，所谓从革者，刚毅果敢也。

　　正所谓"常在河边走，哪有不湿鞋"，在电力安全生产活动中，难免存在违章现象、违规行为，这就要求安全监察部门、现场监护人员针对这些现象不讲人情，不畏强权。面对安全问题不留情面，严格执行安全管理制度。参加生产工作的人员，必须严

格执行安全操作规程，执行安全规程不打折、不变样，时刻提醒自己安全生产"三不伤害"。

木曰曲直，代表仁，仁者，赏罚分明也。

安全无小事，对于违反安全规章制度的应该严惩不贷，绝不姑息。但是，只有惩罚是不够的，奖励对安全管理的重要性自不待言。对于那些主动查出隐患、消除问题的人员，物质和精神奖励很有必要，不但能激发员工积极性，还可形成一种"主动查找问题、积极消除隐患"的良好氛围。

土曰稼穑，代表信，信者，培训传承也。

对于安全教育，应认真落实，不走形式。针对每年新招入职大学生，开展安全活动教育，以老员工言传身教，以事故视频、教育片、书籍等多手段教育方式，提高新员工的安全意识，转变身份思想。针对老员工，每周的安全例会、每月的安全培训学习不流于形式，注重质量，牢固树立"大安全"理念。始终坚持"安全第一、预防为主、综合治理"的方针不动摇，并将其落实到工作流程中。

（作者单位：新疆乌鲁木齐供电公司）

安全生产要"管"也要"理"

万木林

笔者认为，要想使安全管理工作取得实效，从而确保企业安全生产的长治久安，在"管"的同时，也要重视"理"。

重视"理"，要理清头绪。安全管理主要管什么？从什么地方入手？只有弄清楚这些问题，安全工作开展起来才能更有针对性。这就需要管理者通过深入细致的调查研究，全面掌握企业安全设施、管理制度、职工作业习惯和业务能力等方面的实际情况，通过梳理、分析，找准工作的切入点，制定有针对性的管理制度予以实施。因此，管理者要杜绝想当然、缺乏针对性的盲目管理行为。

重视"理"，要理顺思路。安全工作是一项技术性、复杂性、长期性的工作。不仅要保证每一项举措的科学性、可操作性，还要兼顾安全工作的全局性、可持续性。这就要求管理者既要有长远的规划，也要有短期的具体安排，要通过工作一项一项地抓落实，稳步推进安全工作目标的实现。因此，管理者要杜绝安全管理中的短视行为以及"头疼医头、脚疼医脚"的被动行为。

重视"理"，要理出规律。不同岗位、不同季节的安全管理要求也是不相同的，这就需要管理者要通过认真细致的摸索，

找出安全生产规律，创新管理方法，增强安全管理工作的实效性。为此，管理者要杜绝"一条道儿走到黑"的僵化、守旧行为。

（作者单位：国电沈阳热电有限公司）

让隐患"躲着也中枪"

韩 辉

"躲着也中枪"是近来流传颇广的网络语言，泛指无缘无故受到牵连，表达了一种无可奈何的自嘲的心情。笔者认为，在安全管理中恰恰要提倡这一结果，让隐患和违章"躲着也中枪"。

让违章"躲着也中招"，必须从"责"字用力。尽管有许许多多的事故教训，但仍然有一些员工心存侥幸，麻痹大意，千方百计躲避安检部门检查，对现场存在的"小问题"，能推则推、能拖则拖、能躲则躲、能瞒则瞒，久而久之埋下祸端，酿成大错，最后只能扼腕叹息，追悔莫及。为此，各级安监人员要具备敢于负责的气魄，雷厉风行、敢抓敢管；要树立舍我其谁的意识，靠前指挥、以身作则；要以"衣带渐宽终不悔，为伊消得人憔悴"的精神，用"立地三尺为栋梁，刀山火海我先闯"的勇气，"亦余心之所向兮，虽九死其犹未悔"的决心攻坚克难，抓好安全。

让侥幸"猫着也中拳"，必须从"实"字着力。"结硬寨，打呆仗"是曾国藩的作战法宝。说的是带兵打仗要徐徐而进，步步为营，扎稳营盘，讲究实效，只有这样才能"藏于九地之下，动于九天之上"。安全管理更要严防死守，持之以恒，不搞灵活，不作变通。要让员工明白，那些看似无关紧要、无损大碍、无伤大雅的侥幸心理，只要"环境"适宜、"温度"适宜、时间适宜，就会生根发芽、抽枝吐叶、尾大不掉、倒打一耙。要建立完善长效机制，凭借合理的激励手段，鼓励职工敢于给安全生产"找茬"、乐于给安全生产"挑刺"，继而认真落实责任、制定防范措施，确保整改到位。

让隐患"躺着也中枪"，必须从"细"字发力。古语说："天下大事，必作于细。"安全管理的成败同样也在细节。反观许多安全生产事故，往往就是一次怕麻烦的疏忽、一个下意识的闪念或者一次不经意的违章造成的。

因此，我们要大力倡导"作细"精神，鸡蛋里挑骨头，抠细节、找毛病，防微杜渐、谨小慎微，不给"小事"生存的"土壤"，不给"小错"存在的"理由"。在管理上要"小题大做""小事大防"，犄角旮旯要打扫干净，边边角角要不留余地。在工作中要把已经熟知的安全规程再熟悉一遍，已经了解的安全要求再叮嘱一遍，已经做好的安全措施再检查一遍，这样才能杜绝安全事故的发生。

（作者单位：安徽怀远县供电公司）

熟能生"巧"也生"骄"

谢唯东

据一份报告显示，在高速公路上发生交通肇事的司机，平均具有 5~6 年的驾龄。按理说，这些司机绝对不是生手，但恰恰是肇事高发人群。这就给予我们这样一个警示，熟能生"巧"也生"骄"，正是这个"骄"字埋下了祸端。

综观电力企业发生的事故，当事人并不是清一色初出茅庐的"青瓜嫩枣"，其中不乏具有相当工龄的老职工。据报道，南方一个省份的某发电厂，具有 15 年运行工龄的值班员邵某，在例行的设备巡检中漏掉了对一个关键设备的检查，致使这个设备由于过热产生强烈爆裂，不仅造成机组停运，而且造成人身伤亡的后果。

熟能生巧，固然有理。然而这个"巧"是指在长期的工作实践中，能够积累下丰富的经验，养成一丝不苟的工作习惯，特别是增强应对与化解各种突发事件的能力，绝不是自以为是的"巧"，目空一切的"巧"，这样的"巧"会转化为引火烧身的"骄"。

实际上，事故发生虽然有一定的征兆，但大都是隐蔽的，不易被察觉，也就是我们常说的突发性。只有严格执行各项操作规程，突出"严、细、实"三个字，才能发现隐患，把事故消灭在萌芽状态。老职工饱经风霜，更应该明白这个道理，也就是说在安全生产上，任何人任何时候在任何情况下都不能存有侥幸心理。

目前，在一些电力企业存在重"新"轻"老"的倾向，对新职工下大气力进行安全教育和安全培训，而对老职工则亮起"绿灯"，这显然是一种偏激的做法。按照电力企业安全生产在人员、

力量、时间上的"三个百分之百"的要求，任何人都不能置身于安全教育和安全培训之外。

"泾溪石险人兢慎，终岁不闻倾覆人。却是平流无石处，时时闻说有沉沦。"这是唐代诗人杜荀鹤名为《泾溪》的一首诗。

"打死犟嘴的，淹死会水的"，这是一句通俗的大白话。无论是这首诗还是这句俗语，其中蕴涵的哲理值得老职工好好琢磨。

（作者单位：辽宁大连供电公司）

求安务必"想太多"

沈哲文

笔者曾经长期在热机运行岗位工作。

"每根管子摸了很清楚,印在脑子里,开阀门前多检查一下。"这是当初老师傅对我的要求。多少年以后,回想起来,感慨万千。追求安全生产,务必三想而行,让工作之所及滴水不漏。白天干,晚上想,想懂想透。坚持干,才能想得远;不懈想,才能干得好。

求安务必"想太多",增强敢想的气魄。

想象比知识重要,因为知识是静态的,而想象概括着管路,推动管路在头脑中延伸、变得清晰。开启一只水管阀门,头脑中闪过水流方向,上方有没有足够补给,按现在的阀门开度,会不会拉空?下方容量多少,会不会溢水?如果开启一只汽管阀门,下方做好隔绝工作了吗?会不会烫伤人员?头脑中想象的每项操作,鲜活可感。

求安务必"想太多",汇聚巧想的智慧。

管子这个物质决定巧想这个意识。"眼光"沟通管子和巧想。"眼光"要高远、深入、贴切。眼观六路和管中窥豹,目光如炬和目光如豆,高识远见和短见拙识,不同眼光差别巨大。善于看管的好"眼光",从工作实践中来。凝视粗粗细细、来来回回的管子,不断历练观察力,注重"聚光"不"散光",慢慢地管子中的水、汽生出灵气,听操作工指挥,迅速执行命令,完成任务,变成安全生产中的好伙伴。

求安务必"想太多",练就实想的本领。

实想建立在多干基础上,让脚走起来,让手动起来,让安全

立起来。尤其在新一轮改革全面推进之时，企业事情多、头绪杂，职工更需有点"一万年太久，只争朝夕"的精神，切实做好安全生产工作。要有股气、有股劲，安全生产面前当干在先，安全生产面前不避难。善于发现安全问题，敢于直面安全问题，认真研究安全问题，切实解决安全问题，下功夫发现安全规律、找准安全思路，克服安全生产中的困难。

求安务必"想太多"，发扬苦想的作风。

将"钉钉子"精神内化为自觉行动，自省、自警、自律，一项一项对标安全先进，重新认识目标和行为，剖析自己，找出各个层次的问题，咬定问题不放松，实现安全工作上守法合规，安全学习上不断上进。

（作者单位：浙江浙能镇电公司）

借鉴"火炉法则"筑牢安全防线

郭路军

安全生产是电建行业常抓不懈的主题，但一些施工现场习惯性违章、违规操作的现象时有发生，工程施工中总会伴有习以为常的"小问题"，往往是这些"小问题"成为引起大灾大难的源头。

要解决类似的安全管理问题，我们不妨借鉴"火炉法则"。"火炉法则"是西方社会管理学提出的一个概念，就是把烧得红红的"火炉"放在那里，尽管它本身并不会主动烫人，但只要有人敢触碰，它就必烫无疑，不会顾及触摸者的身份地位，人人平等，谁摸烫谁，而且立即处罚，没有下不为例。

这一法则告诉我们，当你在工作中违反安全规程，就像触及烧红的火炉，会受到"烫"的处罚。其特点包括：一是警示性，火炉通红，无须手摸也知道触碰会烫伤；二是即时性，触摸火炉立即会被烫伤；三是公平性，不管是谁触碰火炉，结果都一样会被烫伤。

"火炉"的警示作用就是通过不断地加柴始终保持旺盛火力，从而让人们对火产生敬畏。我们可以通过强化对职工的安全教育和学习培训，并以事故案例回放警示教育、组织安全事故反思等多种形式，使大家放弃侥幸心理，真正明白这条红线碰不得，否则必会受到相应的惩罚。

"火炉"的即时性在于凡触碰者即被烫伤，违反安全规程就要受到相应的惩罚，没有下不为例。如果违反安规的行为与处罚间隔时间过长，就不能达到好的罚戒、教育效果。

"火炉"的公平性就是谁触碰火炉，结果都会被烫伤，谁违反规则都应当受罚。

其中，被"烫伤"的程度与和"火炉"接触的紧密度以及触碰的时间正相关，接触越紧密和触碰火炉的时间越长，烫伤的程度也就越厉害。借鉴"火炉法则"，在安全监督检查考核中，我们必须坚持制度面前人人平等，不搞亲疏有别、内外有别的选择性执法。在安全生产中必须坚持"一票否决"，即使是所谓的"小"事故也严格执行。按照"四不放过"原则，哪怕是细小隐患和违章也要保持"零容忍"态度；在安全考核处罚上要以"三铁"反"三违"的精神，"重奖重罚"。

把"火炉法则"借鉴到安全管理中，严格落实好安全规程的警示性、即时性和公平性，发扬"小题大做""较真"和"找茬"的精神，防微杜渐，使安全生产成为一种工作习惯，有助于我们筑牢安全防线。

（作者单位：中国能建山西电建三公司）

三等奖

"三勤"履行安全管理责任

余妙苗

基层供电公司的"一把手"是落实安全生产管理的"第一责任人",那么,作为"一把手",应该如何抓安全生产管理工作?笔者认为,"一把手"在安全管理过程中要做到"三勤"。

首先要做到"脑勤",即要勤于思考。

"一把手"要常琢磨本单位的人员结构特点,要清楚一线员工的特长,哪些人可以担任工作负责人、哪些人可以担任现场监护人、哪些人可以独立工作、作业现场存在哪些风险,要让合适的人干合适的事,尽量规避人员岗位安全风险。

"一把手"要精于制订工作计划,善于找出管理规律,比如一季度主要工作是春节保供电,二季度主要工作是春季安全大检查、消缺,三季度主要工作是电网迎峰度夏,四季度主要工作是秋季安全大检查、消缺。围绕阶段性重点工作再分解,细化月计划、周计划,这样工作就有计划,管理就有重点。要善于梳理管理制度和流程。大部分单位都有制度和流程,但都是生搬硬套,毫无意义。制度要实用,流程须简化。

其次要做到"腿勤",即要勤于到岗到位。

"一把手"工作千头万绪,切忌借口工作忙,当"甩手掌柜"或"遥控指挥"。

"一把手"到现场才能掌握设备运行状态。如果不清楚自家设备状况，连线路长度、台区数量都不知道，又怎能谈设备管理，又何言科学规划？如果"一把手"每季度坚持带队开展一次线路设备特巡，每次安全检查、每个工程规划都能亲自到场，相信线路设备运行状况和规划水平都会有质的飞跃。因此，"一把手"到现场才能促进现场安全管控水平的提高。岗位不同，职责不同，看问题的视角也会不同。"一把手"亲自勘察现场，才能了解危险点，才会提前考虑防范措施的布置，有效预防违章的发生。

最后要做到"嘴勤"，即要勤于宣传教育。

员工的安全教育仅依靠县公司的培训远远不够，最主要还得以基层单位及班组的教育培训为主，教育的形式也应不拘一格。

基层单位的安全分析会不能走形式，"一把手"要坚持亲自主持，及时宣贯上级安全会议精神，及时传达最新的管理制度，及时学习事故通报，确保每一个员工知晓、领悟。反违章依然要靠"一把手"的嘴，逮住一次违章，就要大会讲、小会提，一有机会就念叨，反复的批评教育胜过经济处罚。一句提醒，一声叮嘱，就有可能避免一次事故的发生。

抓安全生产管理无捷径可言，需要各级安全管理人员认认真真执行，踏踏实实苦干。基层单位的"一把手"在安全管理过程中只要做到脑勤、腿勤、嘴勤，安全管理制度就能落实，安全防范措施就能强化，基层单位的安全生产管理水平就能提升。

（作者单位：浙江淳安县供电公司）

由"热炉法则"谈安全生产

胡以传

火红炙热的炉子，大家都不会用手去碰，否则会有灼伤的危险，这是被大家熟知的"热炉法则"。从这个"热炉法则"，笔者想到了企业安全生产。

在强化安全生产管理中，企业出台了一系列文件、制度和管理办法，不断强化思想意识、业务技能教育、培训和现场监督考核。

虽然大家都知道"安全胜于万金"，但是有些员工仍然"明知山有虎、偏向虎山行"，尽管一再抱着安全工作的思想，但是意识薄弱，执行力差，行为散漫，从而发生安全事故，付出惨痛代价。可以说，在企业安全管理中，本来就不缺少制度、措施的支撑和监督考核的保证，就如"热炉法则"一样，大家都知道"热炉"是触碰不得的，缺少的是对安全生产意识、责任、监督的执行力。在这当中，安全意识薄弱，侥幸心理作祟，是造成触"炉"受伤的根本。

大家知道，安全生产是企业最大的效益。要想保证企业安全生产，就必须严格执行安全管理制度，及时纠正有意和无意的违章行为，保护人身和设备的安全。企业安全监察人员要全面加强工作现场的安全监督和考核，全面了解现场安全动态，根据工作实际制定安全管控举措，最大限度杜绝事故隐患。生产操作人员要切实遵守"不伤害自己，不伤害他人，不被他人伤害"的"三不伤害"原则，力戒自己不出现违章，别人制止自己违章时虚心接受，发现别人违章时积极进行制止、劝阻和帮助。

"构架"明确之后，决定性的因素在于执行。各类事故告诫我们，安全生产来不得半点马虎和疏忽。我们每个人都要从自我做起，克服可能引起事故的不安全心理，不放过任何一个小小的异常，不做任何一次小小的违章，让安全成为一种习惯，让习惯变得更加安全。

（作者单位：江苏省新沂市供电公司）

安全生产要抓准"短板"

张伟华

笔者曾经在漫画中看到这样一个情景：一只容量很大的木桶，在日常生活中起到了很大的作用，但是一次小小的碰撞，木桶其中的一块木板破裂。主人并没有在意，而是照旧使用，可是木桶的容量已经明显减少，直到有一天其他木板的散开导致木桶终于失去利用价值。我们知道，一只木桶的最大容量，不是由围成木桶的最长或者平均长度的木板决定的，而是取决于最短的那块木板，要最大限度地增加或者保持木桶的容量，就必须处理好每块木板的安全问题，使所有木板始终处于最佳平均高度和良好状态。

同样的道理，作为电力企业，能否实现安全生产的永久性，最薄弱的地方是关键。一次不经意的违章、一个小小的隐患，都可能酿成一起重大安全生产事故。

俗话说："小洞不补，必成大洞；千里之堤，溃于蚁穴。"古训已经使我们清楚地看到不注意细小环节所要承担的巨大损失和代价。在安全生产工作中，我们一定要牢固树立"安全生产无小事"的理念，把工作的重点放在操作中可能形成的"短板"上，注重查找工作中的薄弱环节，从细微之处发现问题，从点滴小事做起，从容易出现问题的地方抓起，"抓大不放小，抓小来促大"，从源头上堵塞安全生产工作漏洞，实现安全的长效性。

首先，在日常安全生产管理工作中，重视做好安全思想的灌输和学以致用，是避免安全生产事故的首要工作。很多事例表明，不重视安全生产、麻痹大意或带思想包袱的员工，是出现事故的主要对象。因此，及时做好思想教育和引导工作，使其提高认识，

保持情绪稳定，用高度的责任感去面对工作，是筑牢安全生产思想防线的重要环节。

其次，抓好领导者或者直接责任人的作风建设，对现场出现的"三违"现象和行为及时阻止，及时纠正，可以有效遏制违反正规操作规程的现象，避免和减少安全事故的发生。

同时，生产作业人员的高心理素质、高标准技术也是决定安全生产的一个重点，抓好员工的能力建设，经常性地开展技能比武、岗位竞赛、学习探讨，可以增强员工的综合能力，从而筑牢安全生产防线。

对于安全生产中存在的思想、纪律、制度、设备等类如"短板"现象，我们一定要做到能维修的维修，不能维修的坚决换掉，要从根本上使"短板"变长，使企业的安全生产水平达到最大值，促使生产稳中求升。

（作者单位：冀北固安县供电有限公司）

"画丑自己"并无不妥

史正华

萨班哲是土耳其的一个超级富豪，但他有个令人不解的怪癖。他供养着一群土耳其最好的漫画家，并告诉漫画家们，谁能画出最丑的萨班哲，谁就能得到一笔大额的奖金。结果，萨班哲的每一个丑陋之处都被无限地放大。工作之余，萨班哲徜徉在大厅里，欣赏着自己的多幅"靓照"。他很快乐，因为他看到了与在美酒、鲜花、掌声和赞誉面前的那个不一样的自己。

联想到电力企业经常开展的安全生产大检查活动，笔者认为，我们中间的一些人恰恰就是缺少了这种放大自己"丑处"的精神，在工作中一味强调本单位、本部门的成绩，却不愿谈缺点，不敢查隐患，导致安全大检查工作流于形式、停于表面。

近日，一位上级领导带领安全检查组到某基层单位时，对基层单位在安全管理上尤其是标准化作业方面取得的成绩给予了高度评价，但该基层单位领导在作汇报时，却把他们在安全管理上存在的问题多次"抖"了出来，请上级领导给予指导。

这种敢于亮丑即"画丑自己"的精神，得到了上级领导和检查组同志的充分肯定。

其实，任何单位做任何事情，都不可能十全十美，发现和解决问题才是做好安全工作的关键。发现工作中的不足、主动亮丑，既能使本单位今后不出现或少出现类似的"丑"，又可使本单位的"丑"尽快解决。这样的亮丑非但不羞，相反，有利无害，应予以提倡。再说，上级下基层来搞检查或调研，目的是为了全面了解情况，假如带回的只是美的东西，又怎可谓全面呢？诚然，丑事

总让人有些不好意思，严重的"丑"还可能损害形象，甚至使个人或部门利益受损。但从长远或大局来看，亮丑后及时整改，能提升一个部门的形象，使工作更上一个台阶。笔者认为，这种对工作有益无害的亮丑，值得！

我们不妨以"画丑自己"的精神来推进安全大检查工作：第一，要大胆"露丑"，通过安全检查查出安全隐患在哪里，是安全意识薄弱、规章制度不完善，还是安全管理不到位。摸清症结所在，才能对症下药。第二，要放大"看丑"，对发现的问题要进行深层次分析，运用安全风险管理方法，对各个作业环节仔细研判，预想可能引发的严重后果，追查问题根源。第三，要严抓"治丑"，对干部作风督查要严，对职工违章考核要严，对现场安全控制要严，营造"干部落责、职工落标"的安全氛围。

（作者单位：辽宁金州新区供电公司）

保安全勿摆老资格

陶 巍

前几年笔者观看了 3D 版电影《泰坦尼克号》，这部影片再次将那场震惊世界的海难展现在观众面前。笔者对影片中一个场景印象深刻：出事当晚，船长提醒值班海员要特别注意冰山，而那位海员竟说："我凭嗅觉就能闻到冰山。"这位海员就是因为摆老资格而放松了警惕，以致游船接近冰山时，他才如梦初醒，眼睁睁地看着游船向冰山撞去，酿成惨剧。

其实在电力企业的安全生产中，我们也会听到一些类似的声音："没问题，这样干了多少年了，从来没有出过事。""太熟了，我闭着眼睛都能干好！""我过的桥比你们走的路还多，这样干准保没事儿。"摆老资格的职工自认为见多识广，把安全规章制度当成一纸空文，从不真正放在心上。这种摆老资格现象，不仅容易导致事故发生，还容易传染给同事，对企业安全生产的危害很大。在以往发生的事故中，有许多是在这种经验心理作用下发生的。

不可否认，这些人在长期工作中积累总结的经验在生产中确实起到了一定的作用。但随着科技的进步，越来越多的先进设备投入到生产中，如果我们还按照原来的老经验干活，那么这些经验很可能会成为安全隐患，甚至造成严重的后果。

因此，我们要正确认识和运用各种工作经验，不要让经验成为安全生产的绊脚石，要随着科学技术的进步，不断提升自己的生产技能、业务素质，以适应安全生产的实际需要。同时，要时刻绷紧安全这根弦，规范自己的作业行为，不论经验多么丰富都要严格遵守安全纪律和操作规程，用谨慎的态度为每一步操作上保险。

总之，不摆老资格，要增强安全意识。

职工的安全意识需要通过严格的安全管理来养成。对待安全常怀敬畏之心，事故自然离你而去。反之，事故就会如影随形。

安全工作只有起点，没有终点，不管是谁都要学会自我反思、自我总结，不断增强安全意识。

不摆老资格，要遵守安全规章制度。安全规章作为安全管理最重要的基石，必须不折不扣地执行，这样才能及时堵住各种安全漏洞。

不摆老资格，要树立终身学习意识。面对日新月异的新设备、新工艺，每个职工都应树立终身学习意识，严格遵守规章制度、按标准作业，这样才能确保企业安全生产。

（作者单位：吉林省蛟河市供电公司）

抓安全要学中纪委

郭建国

"抓安全要学中纪委。"在党课上听到这句话，让我久久难忘并陷入了沉思。

国家统计局发布公告称，2014 年各类生产事故共死亡 68000 多人，财产损失数以亿计。对于发电厂这个有着 100 多年历史的传统行业，安全生产的工艺、安全措施其实不再是新生事物，只要按照"安规"执行，安全事故大多数可以避免。安全生产"年年喊、年年抓"，安全生产责任制的落实是核心和关键。安全监督部门和各级安全管理人员就是安全生产责任制落实监督的主体，在"大是大非"的安全问题执纪上，要是像中纪委那样能不好吗？笔者认为学习中纪委的一些做法，必然有利于安全管理。

学什么？要学中纪委的红线意识和底线思维。众所周知，中纪委给所有党员干部划了一条规矩，也叫底线，又称高压线，这就是严守纪律红线。在中纪委的成绩单中但凡是触碰这条高压线的"老虎""苍蝇"纷纷落马。在安全管理中我们也制定了防止发生严重后果的"七条红线"，那么就要"死磕"到底，这样才能刹住习惯性违章。

我们更应该学中纪委提出的"不敢、不能、不想"体系目标建设。我们经常会碰到一些未正确使用安全帽帽带的情况，有些员工的习惯根深蒂固，进入生产现场前马上想起把安全帽帽带放下戴好，一走出生产现场马上又想起把安全帽帽带再收回帽内，这个"非常经典的习惯"也表明了习惯性违章的"思想性"和顽固性。其实在安全管理中我们能把这个"小问题"给解决了，意

义非常重大。因此我们应该从员工的思想入手，辅以安全教育、技术培训、监督体系等多方面的系统工程。

日常的安全工作中，我们更应该学中纪委的"巡视"，发现问题，处理问题，解决问题。如此学，安全管理能没有效果吗？

（作者单位：北方联合电力海勃湾发电厂）

安全管理应加强文化建设

莫文勇

安全是企业生产经营的条件之一，安全管理是企业生产现场管理必不可少的一环。要创造一个安全的生产环境，就必须强化安全文化建设。同时，必须解决好以下几个问题。

一是安全观念问题。在一些新建企业或新建企业的职工心中，安全意识和安全观念淡薄。他们往往认为讲安全就是约束自己的自由，从未考虑过不讲安全所带来的后果；一些企业的领导甚至带头违章指挥，或搞"今日不宜动土"的封建迷信活动，以求神来保安全生产，从而忽视安全的科学性和客观性。我们在进行安全文化建设的过程中，就要针对这种安全观念淡薄的人，提高其安全意识，破除非科学性的安全观念，建立科学的安全观念，使职工的安全意识这根弦牢牢绷紧，这样才能让职工更主动、更科学地执行安全操作规程。

二是重"硬件"而忽视"软件"的问题。安全文化建设是一个长期而渐进的过程。但在安全文化建设中，一些企业往往认为写几幅安全警语和购置一些消防器材、安全防护用具等"硬件"即可完成安全文化建设。其实这是一种错误的观点。安全文化建设"硬件"当然必不可少，但"软件"建设更为重要。这就要求我们重视对人的投入，建立师资队伍、培训措施和场地落实的一体化安全教育体系，切实让职工在思想中树立安全意识。

三是重"管理人员"轻"普通职工"的问题。在企业安全文化建设中，一些企业只对管理人员进行安全文化理论培训和教育，认为普通职工只需要执行安全规定和规章即可，而忽视对普通职工的安全文化理论和知识的普及。这样会导致安全文化建设道路不畅，让职工被动接受，安全文化建设只能是徒劳无功的。只有全员参与安全文化建设，才能在安全工作中结出硕果。因此，在企业安全文化建设中，不仅要对管理人员普及安全文化理论，同样要对普通职工加强安全文化理论培训，这样才能促进企业安全文化建设。

总之，安全文化建设的目的在于让安全深入到每一个职工的思想中去，让职工主动接受"安全"，主动参与安全生产管理和安全生产活动。只有认真处理好在安全文化建设中出现的各类问题，才能更好地进行安全文化建设。

（作者单位：广东深圳市博达煤电开发有限公司）

防止"安全疲劳"

刘洪君

当前，安全生产月活动正在各单位有序进行着，个别员工私下说，安全活动一个接一个，好像没有尽头。

说这话显然失之偏颇，既没在思想上对安全问题引起足够重视，还在态度上表现出了极不耐烦，俨然把自己当成了一个局外人。按照这种说法，搞了这么一系列安全活动，该停下来喘口气了，等到出了事，看到了血淋淋的事故再抓也不迟；或者知道要出安全事故了，再紧急重视一下，临时抱佛脚。

在他们的眼中，安全问题就是板上钉钉的事，很容易掌控，用不着天天纠结。

显然，他们低估了安全问题的复杂性，另一方面也夸大了自身在安全问题上的作用，忽视了安全事故的不可预见性与残酷性、毁灭性。产生这种现象的根本原因，不外乎把抓安全生产当成了一项时间节点任务，这个时间节点过了，没有出现安全事故，就没有必要再引起重视；或者领导重视，上级有要求，自己也跟着瞎摆弄一阵，风声一过，又恢复原样。

电力是一个特殊的行业，是高危、复杂的工种，稍有不慎，后果极其严重。我们只有尊重客观规律，按规则办事，坚持科学的态度、周密的筹划、严谨的工作方法，做好安全防范工作，争取在安全问题上掌握工作的主导权，才能在安全生产中真正做到得心应手，游刃有余。反之，只会碰得头破血流。

"人无远虑，必有近忧。"安全工作作为一项长期性的经常性工作，每一个电力人必须时刻保持清醒的头脑，努力克服潜意识

中的惰性和厌战情绪。在任何条件下，都要始终保持执行安全法规不脱节、不松懈的安全管理思想，努力改变"安全形势好时松口气，安全形势差时憋股劲"的被动管理模式，并从思想意识上堵漏洞，谨防麻痹大意、侥幸心理。

要真正将安全落实到生产经营的各个环节、各个岗位和每一名职工身上，形成事事有人管、层层有人抓、人人有专责的安全生产工作格局，确保安全工作扎实有效推进。

（作者单位：重庆渝电工程监理咨询有限公司）

安全工作提倡"换位思考"

杨国民

　　安全生产是企业的基础。提高企业职工的安全意识，不断增强安全责任感，是企业强化安全管理，提高企业经济效益的有效手段和根本保证。众所周知，人是安全工作的核心。"以人为本"抓安全，才能真正解决在安全生产中出现的各种各样的问题，使企业的安全工作稳扎稳打，步步为营，保障企业长治久安。

　　要保障企业安全生产，就必须让"安全第一，预防为主，综合治理"的安全方针深深扎根于每一个职工的心里。做到人人心中有安全，加强对职工在安全生产中的"换位思考"教育是一种行之有效的办法。所谓换位思考，就是在安全生产中，无论是企业的领导干部还是职工群众都要想一想，"假如我要做这项工作，怎样才能最有效率并保障安全完成？"这是体现职工在安全生产中主人翁责任感的途径。

　　"换位思考"能够增加安全工作的主动性，增强职工的主人翁责任感。因为"换位思考"是始终把自己放在参与者的位置上，能够充分调动思维，去发现问题，分析问题，从而找出解决问题的好办法。"换位思考"应该是领导干部与职工之间的换位，应该是安监人员同作业者之间的换位，应该是旁观者与参与者之间的换位。这样，我们就可以避免在安全工作中不闻不问，熟视无睹，互不关心，不负责任的不良行为。人人都为企业的安全生产着想，企业就会出现"人人要安全"的良好氛围。

　　"换位思考"忌讳只是单纯的"思考"，应该让这些"思考"贯彻到生产实践中去。安全工作是群众性很强的工作，集思广益，

充分发挥职工群众的主观能动性，才能行之有效。我们的安监部门应该认真收集这些"换位思考"得到的宝贵建议，并制定出一系列的安全措施加以实施。

"换位思考"是一种群众性的科学的工作方法，掌握和运用"换位思考"对搞好企业的安全生产工作有着积极作用。

（作者单位：中电投北票发电有限责任公司）

安全生产的"破"与"立"

刘志林

我们都知道，一篇好的议论文要有鲜明的论点、充分的论据、灵活生动的"破""立"手法，安全生产虽然不能像议论文那样旁征博引、据理力争，但其中的雄辩技巧——"破"与"立"，还是很有借鉴意义的。

安全生产的"破"，是指破除见怪不怪的思想顽症、侥幸取胜的违章现象以及其他极不规范的生产操作行为。我们每次的安全大检查，就是"破"实际生产中的典型案例。当然我们要"破"得成功，还需用头脑智取，开动大脑，工作创新，文化创新，创新也是"破"。

关于"破"的含义，虽其只有一字，但内容博大精深，具有丰富的实践内涵。

"破"要求我们时刻敲响安全警钟，做到凡事不马虎、不凑合、不含糊。我们的每一级安全管理人员和一线工作人员，要做到针对实际生产中的突出问题和隐患，大肆号脉，大动手术，不应只是到了春秋大检查了，到了兄弟单位出事了、安全通报下发了，才认真学、反复学，而对于自己的突出矛盾却不能解决。实事求是地讲，这在一定程度上加重了隐患的滋生，会把我们拖进安全被动的沼泽地。"知己知彼、百战不殆"，说的就是这个道理。

"破"方能"立"。在实践中我们要多对照、多思考，时刻以"安全至上、安全为本"为主线，不断反思工作中的不足之处：有哪些工作还是在照搬照抄，有哪些工作还是在浑水摸鱼，有哪些工作还不能够善始善终，有哪些工作还是在说一套做一套。如果这些问题得不到解决，不能"破"，那么"安全"只能是水中捞月，老生常谈；在这个基础上，如果有"立"，也是立的一个假象，不堪一击。用鲜血换来的教训，还要继续用鲜血来验证，要知道这样的案例，在电力系统中仍然时有发生。

"破"得彻底，才能"立"得彻底。"破"不是小打小闹，不是"雷声大，雨点小"，只有建立在科学统筹、冷静分析的基础上，尊贤纳才，对设备现状和不合理的运行方式、管理方式作充分细致的"破"，对事故根源、异常原因和防范应对措施作系统有序的"破"，才能"立"得住、"立"得稳。就我公司而言，鉴于建厂时间不长、设备磨合期短，以及安全生产经验不足的客观事实，如果站在长远的角度上看，用一条曲线对其安全性能指标作一个全面评估的话，那么我们现时期所处的那个"点"，应该在这条上扬曲线的最底部初始的位置。

点滴生活，方寸人生；对于一个企业尤其是对于一个发电企业来讲，每一个员工的生产行为的集合体，就是这个企业兴旺发达的基础；所以我们需要的是铭记教训，积极挺进，扎实工作，务实而不是务虚，如此才能实现，我们的企业才能长治久安！

（作者单位：神华浙江国华浙能发电有限公司）

优秀奖

"真没想到"不是借口

生　涛

在安全大检查活动中查出问题后，或者是在一些事故以及违章行为发生后，笔者常常会听到当事者这样一种声音——"真没想到！"言外之意就是在安全生产工作中，确实讲了、做了，但还是出问题了，好像是安全生产问题防不胜防，显得自己很无辜、很无奈。

然而，我们静下心来仔细查看和分析当事者所做的工作，得出的结论是出现问题是必然的。因为他们的安全生产工作仅仅满足于会上讲一讲、提出一些漂亮的口号；有的班组今天一个"思路"，明天一个"点子"；有的班组记不清宣讲了多少个文件，但是在具体行动上却欠了火候，没有在研究解决实际问题上下功夫。说来说去，他们就是没有把安全生产工作落到实处，只讲形式的安全，不讲实质上的安全。所以，当问题出现后，他们大惑不解，乃至发出"真没想到"的感慨。

安全生产固然要搞好宣传工作，要营造"人人讲安全"的舆论氛围，但是从根本上来讲，还是要落实到执行的环节上，即加强安全培训教育工作，增强安全生产技能，坚决不走过场，不搞花架子，严格遵守规章制度，全面落实操作规程，加大执法力度，对于任何违章违纪行为不能姑息纵容。针对检查发现的安全生产

的薄弱环节和主要问题，要突出重点，强化管理，制定有的放矢的具体措施，把事故苗头消灭在萌芽状态。我们特别要注意的是，安全生产工作一定要从不起眼的小问题抓起。俗话说，"千里之堤，溃于蚁穴。"安全事故的发生无疑暴露了安全生产中最薄弱的地方。保安全不能有丝毫的马虎，越是在小事上面较真，越是对安全负责，只有把所有的小问题都解决好了，才能保证全盘的稳定。

美国西点军校有一条行为准则——"没有任何借口"。这一理念对于搞好安全生产管理工作不失为一个很好的借鉴。众所周知，人的习惯是在不知不觉中养成的，是某种行为、思想、态度在脑海深处逐步成型的一个漫长过程。一旦习惯形成，就具有很强的惯性，很难根除。它总是在潜意识里告诉你，这个事这样做，那个事那样做。在习惯的作用下，我们哪怕是做出了不好的事，也会觉得是理所当然。

安全生产工作不是耍把戏，不能只凭一张嘴说得天花乱坠。安全生产工作凭的是真本事，唯有一丝不苟、扎扎实实，才能消除隐患，确保安全，再也不必发出"真没想到"之类的感叹了。

无数事实证明，不遵守安全规章的后果是无法估量的，必然要付出沉痛代价。因此，我们要大力加强安全教育，让每一名职工都认识到违章违纪没有借口，改掉寻找借口的不良习惯，确保安全生产持续稳定。

（作者单位：辽宁大连供电公司中山分公司）

反违章须防四种"病"

邓云球

"违章不一定出事，出事必定是违章。"反违章作为确保安全的重要手段，必须严防四种"病症"的滋生，才能深层次、全方位地确保安全生产局面持续稳定。

第一种"病症"：因为未遂不予处罚。造成事故的违章一般会从严追究，而有的单位出于"面子"考虑，打击未遂违章常常是"大事化小、小事化了"，安全监察、安全惩罚不落实，因而出现了"违章下岗"人数常保持为零的现象。事实上，很多造成事故的违章行为都是以前出现过的，只是因为未遂而未引起单位领导和有关部门的高度重视，未进行有效打击，最终造成严重事故。因此，对未遂违章不能心慈手软。

第二种"病症"：因为轻微不加警醒。"千里之堤，溃于蚁穴。"从实例可看出，安全帽不戴好，安全带不系牢，诸如此类的违章行为在整个违章中占了很大一部分，这些在某些人看来"法不责众"的违章行为不断蔓延，一旦噩运当头就会自食其果。这些轻微表象，有的是仅一项就可以直接引发安全事故，有的是多项叠加造成事故，哪怕只有其中一项违章行为得到制止，也可以避免事故。可见，打击违章就要从小事打击，否则不足以引起生产人员对违章危害性的重视，不足以显示打击违章的强硬态度。

第三种"病症"：重行为违章轻管理。要认识到对个别的、瞬间行为的防范仍有其局限性，因而要建立起系统的、缜密的安全生产管理机制，彻底消除违章的可能性。违章和事故的发生，往往包含着其他的各种复杂原因，即安全生产管理中存在很多漏洞，给违章行为提供了"有利条件"。可见，对于加强布控以防止漏洞，从管理层面遵章守纪，尚有大量的细致的工作需要去做，特别是对管理性违章要视同行为性违章同打击、同处罚。

第四种"病症"：担心违章消极工作。在反违章中也许面临这样的问题：有的员工会存在"既然多做事易发生违章，那么不如少做事"的消极心理，显然这样的心态及其负面影响是有悖于反违章的初衷的。基于此，对于反违章是"关爱员工""保家庭幸福"的正面作用要积极宣传，引导员工乐于遵章守纪。

（作者单位：湖南省电力公司检修公司）

由俄罗斯方块谈安全生产

金　晖

有一款名叫俄罗斯方块的电子游戏曾风靡一时，许多人玩得如痴如醉。它为何有如此魅力？心理学家认为这就是蔡加尼克效应，即人始终有一种天生的办事的欲望推动力，能够牢牢记住自己没有完成的事情，但对完成了的事情马上就会忘记。在俄罗斯方块游戏中，玩家排列完整一行的同时就必然出现另一行没有排列完整的情况，正是这种残缺感刺激着玩家的欲望，从而吸引玩家一直玩下去。

我觉得电力企业安全生产的情况与俄罗斯方块颇为相似。安全生产态势是一个动态的平衡，虽然我们不懈努力，却也很难做到十全十美，往往是老问题解决了，新问题又出现，或是老问题虽然解决了，但是过了一段时间改头换面后又"粉墨登场"了。

然而，两者又有着明显的不同。不像俄罗斯方块中的"残缺"那么明显，我们生产活动中的许多隐患和问题是隐藏的、潜在的，要发现它们非得有双"火眼金睛"不可。要想有这样的"火眼金睛"，一方面需要有较强的安全意识，另一方面还要经常参加各种形式的安全检查活动，这样才能让那些问题和隐患原形毕露。

充分认识到安全生产中的"残缺"，我们才能少一些盲目乐观，多一些警惕。如果我们都能拿出俄罗斯方块玩家那样的劲头去积极解决安全生产中存在的问题，那么我们就一定能够筑牢安全生产的根基。

（作者单位：辽宁电力经济开发有限公司）

"小"不治，则乱大谋

曾　恒

在二十世纪六十年代，美国著名气象学家洛伦兹在一次科学促进会上提出：南美洲亚马孙流域热带雨林的一只蝴蝶偶尔扇动几下翅膀，所引起的微弱气流对大气的影响可能随时间增强而不是减弱，甚至两周后有可能会在美国得克萨斯州引起一场龙卷风。这就是，"蝴蝶效应"。企业安全生产中一个看似不起眼的小细节、小漏洞，如果没有及时被发现和纠正，日积月累，由量变发展到质变往往也能爆发一场大灾难。

可以说，安全生产是企业长治久安、稳定发展的牢固基石。从今年年初开始，按照中能建和葛洲坝集团公司的统一部署，三峡建设公司加快启动了安全生产标准化达标创建工作，确保在建项目通过电力建设、水利水电行业安全标准化达标评审。2014年全年，上至中能建，下到项目部，无时无刻不在释放着"安全生产责任重于山"的强烈讯息。

安全生产工作任重而道远。一是要扎扎实实编好"安全绳"。无规矩不成方圆，企业安全生产同样不能少了"规矩"，同样也需要一条"准绳"来做保障、划禁区。制度就是规矩，就是硬约束，它来自实践的总结，来自理论的应用，讲的是实字当头，在精不在多。这些制度，抓关键问题，堵薄弱环节，坚持问题导向、底线思维，条条都是"生命线""责任线""高压线"。

二是要有条不紊戴好"安全帽"。古代荀况就说过"防为上，救次之，戒为下"。"防患于未然"是安全生产的"头等大事"，要把安全隐患关押在牢笼里、扼杀在摇篮里。只有提前策划分析日常安全管理工作，找准问题症结，将对策措施落实到位，真正把管安全上升为要安全，安全预防才能真正成为每一位前方生产者的"安全帽"，才能从根本上杜绝安全事故的发生。

三是要步步为营打好"安全牌"。不谋全局，不足以谋一域。安全总局剖析严密，归纳细致，实为企业开下了治"患"之良方。

各项目部要处理好安全与效益、安全与质量的关系，认真总结安全工作经验，科学谋划安全工作要点，步步为营，揪出要害祸根，及时整改落实，稳扎稳打开展安全管理工作，促进公司安全工作的规范化、标准化，推动全员、全方位、全过程安全管理。

常言道：安全生产无小事。安全生产中的"小事"不治，必将乱企业转型发展的"大谋"。

（作者单位：葛洲坝集团三峡建设工程有限公司）

安全生产岂是六月的"专利"

张继辉

当前，全国各单位、企业正在如火如荼开展安全生产月活动，安全生产也成为最吸引人们眼球的热门词汇之一。而笔者在基层惊讶地看到，有些单位仅仅是挂挂安全生产月主题标语，贴贴安全挂图，组织开展安全征文、安全演讲、知识竞赛等活动，似乎"安全月"一过，就万事大吉了，安全意识逐渐淡忘，紧绷的弦一下子松懈下来，麻痹大意的思想又有所抬头。

国家设立"安全生产月"的目的是为了集中宣传安全、鼓励大家重视安全，营造一种安全的氛围，并不意味着其他的月份就不用讲安全了。安全生产不仅是一项系统工程，还是一项"严、细、实"的工作，它关系到社会的稳定和千家万户的幸福，关系到企业的生存和发展，而且也是一项长期的工作，需要常抓不懈，并不是一个"安全生产月"活动就能解决的问题。

俗话说：淹死的都是会凫水的，对于安全也是这样。各级安全管理人员和生产一线人员对安全工作不能掉以轻心，讲安全不能只在某月讲，而是要月月讲、天天讲、时时讲。我们应当把每个月都当成是安全月，每时每刻都把安全放在第一位，时时刻刻抓管理、抓监督、抓考核。此外，各级领导还要高度重视安全生产，勇挑安全责任重担，建立健全安全保障体系，并通过经常性的宣传教育，不断增强职工的安全意识。只有时时处处想到安全，月月都成安全月，事故才会远离我们，才能让我们拥有安全、幸福、快乐的生活，才能确保企业长治久安。

（作者单位：江西丰城市供电公司）

抓安全要有"补位"意识

邵 瑜

"站位"与"补位"都是排球、足球等球类比赛中的战术术语。"站位"是指球员在进攻或防守时为保持阵型所在的位置。"补位"则是指防守中，本队其中一名队员被对方突破时，另一名队员前去封堵，而当同队队员离开了原定分工的位置，其他球员填补因该名队员离开而暴露出来的空位。如在排球比赛中，当前排队员拦网时，后排队员就要去补位，防止前排被袭击，补位是集体防守配合的基础。笔者由此联想到电力企业的安全生产工作。在安全生产工作中，每一名职工都有各自的分工和职责，不仅要站好自己的岗，保证在自己的岗位上不出现防守漏洞，还要善于"补位"。

树立"补位"意识，就是要主动拓展安全管理领域。除了被写进各种责任书的责任义务外，那些一时无法用文字概括的"其他事项"往往就是安全的盲区、潜在的威胁，更是各级管理者和职工应该主动去发现、排除的隐患。只有各自的"补位"意识增强了，有了责任落实的交叉、重叠，才能降低安全事故发生的概率。

树立"补位"意识，还要有细腻、细心、细致的工作态度和作风。做好安全工作，必须努力做到提前发现不良倾向苗头，用耐心细致的"扫描"发现安全漏洞，用周密具体的措施消除安全隐患。只有这样，安全才会有信息宽度、责任广度、措施密度的三重保证。

"补位"需要职工精通业务。职工不仅要加强学习，精通本职

业务，还要对相关岗位的业务知识有所了解，成为岗位上的多面手。只有这样，才能在关键环节、关键时刻、关键部位、关键问题出现漏洞时，及时果断地"补位"。

只有每名职工都树立"补位"意识，才能真正做到防患于未然，实现安全生产的长治久安。

（作者单位：大连电力建设集团公司）

别拿幸福赌偶然

周　玲

我是一个对药物使用特别谨慎的人。平时感冒类的小毛病能喝水自愈的绝不吃药，能吃中成药调理的绝不吃抗生素。唯一一次输液的原因也是同事见我感冒严重好心将我拽去私人诊所，我还因为不想去差点急哭。

然而一切的谨慎、一切的排斥在我遭遇车祸之后，都变成了听之任之。去年春节，我躺在手术台上，任由医生将一瓶又一瓶的抗生素注入我的身体，直到我的双手已经没有可以扎孔的位置。我麻木地听着腿上传来电钻的声音，泪流满面。

事情发生的前一秒，我开心地坐在摩托车后面，沉浸在归家的喜悦之中，后一秒，我单脚跪地躺在了水泥地板上，直到血浆慢慢从膝盖处沁出来，我才明白，以往"别人"身上的不幸发生在了自己身上。

我突然明白了，为何大多数出事的人都愿意用命理学说去解释各种突发的不幸。当我们把伤害归于命理，便没有了怨恨，没有了后悔，这样就可以用沉静的心去面对各种不幸。然而一切归于命理，我们怎能从中吸取教训，避免不幸再次上演呢？作为一名电力工作者，我从来没有如此用心地去思考过"安规"的合理性。这一次，我认真思考，并试图用它来解释我的不幸。

第一，摩托车的管理人员没有对它进行定期维护；第二，在设备出现异常时，没有进行隐患排查；第三，驾驶人员和乘坐人员都没有采取防护措施，比如佩戴安全帽；第四，家中的"安监员"没有发挥作用。

在我们身边，多少人同样重复着以上四个甚至更多的"没有"。

以电力系统为例，多少人屡次在没有人注意的时候懒得佩戴安全帽，或者不按规范佩戴安全帽却仍然平平安安；多少人为了追求速度，简化规定动作却仍然没有出现任何意外；多少人发现隐患没有及时处理仍然保证了安全运行；多少人执行着有漏洞的管理制度仍然侥幸没有出事……事故只是发生于偶然，然而你是否有足够的资本去赌这个偶然，你又是否能够承受这个偶然带来的种种后果呢？

（作者单位：四川广元供电公司）

不要让生命成为易碎品

智小兵

同煤姜家湾煤矿透水事故、平顶山鲁山养老院火灾事件、"长江之星"号游轮沉船事件、台湾新北粉尘爆炸事件……近期，媒体报道的多起重特大安全生产事故，触目惊心，发人深思。

事故的背后，无一例外都是触碰了安全红线。无不是由于肇事者安全意识淡薄，对待安全工作说起来重要、干起来次要、忙起来不要造成的，无不是由于失去责任心、失去监督体系、失去监管力度，最终让生命成为事故的易碎品。

红线是"底线"，是"警戒线"，是"责任线"。安全红线就是生命红线，任何一条安全红线都是在事故教训的基础上总结出来的"生命刻度"，都是用血的教训和生命的代价写成的规章制度。红线容不得我们触碰，更容不得心存侥幸心理，否则，事故将趁虚而入，顷刻而至，让人悔恨终身。

习近平总书记强调，"要始终把人民生命安全放在首位，发展决不能以牺牲生命为代价。"这是一条不可逾越的红线。我们必须高度警惕起来，吸取血的教训，痛定思痛，举一反三，坚决堵塞漏洞、排除隐患；我们必须完善制度、强化责任、加强管理、严格监管，把安全生产责任制落到实处，切实防范重特大安全生产事故的发生；我们必须时刻站在敬畏生命、敬畏责任、敬畏制度的高度上，不触碰底线，不逾越红线，牢固树立捍卫安全的红线法则，把别人的事故当成自己的事故来对待，把过去的事故当成今天的事故来对待，把小事当成大事来对待，把隐患当成事故来对待，警醒那些梦中人、模糊者、麻痹人、侥幸人，时刻遵章守

法，安全第一，防患于未然。

安全为天，生命可贵！安全生产关系家庭幸福，关系企业发展，关系社会和谐稳定。让我们每个人从自身做起，从小事做起，做"重安全、懂安全、要安全、讲安全"的践行者，捍卫生命的尊严，坚决不要让生命成为易碎品。

（作者单位：山西漳泽电力工程公司）

安全意识要有一点"强迫症"

宋明亮

　　不少人下班之后总觉得门没有锁好，灯忘记关了，往往还返回来再检查一遍……这些过于谨慎、追求完美的现象是"强迫症"的表现，那么，"强迫症"和安全意识又有什么样的联系呢？很多时候，安全意识需要一点"强迫症"。很多企业安全氛围浓厚，安全管理严格，这些都是必要条件，是安全的前提，却不是充分条件，对于不确定的事情需要反复确认，多次强调，需要一点"强迫症"的谨慎。

　　安全防范意识"过于谨慎"永不为过。发电企业属于高危行业，无时无刻不在接触着无形的"杀手"，如高压、电流、高热、氢气等，要想在这些"杀手"中游刃有余，就必须如履薄冰，小心谨慎。比如说要进行一项停电检修作业，当运行班长告知安全措施做好时，患"强迫症"的工作人员会再去检查一下，临开工时再打个电话确认一遍，神经大条的人就会看不下去，在旁边抱怨耽误时间，殊不知如果事情发展都是按照自己设定好的轨迹，那又何来事故一说？安全无法保证，有了再多的时间又有什么意义？安全防范意识需要追求完美主义。安全不仅仅是一种定义，更是一些明文规定，是无数次鲜血的教训换来的经验之谈。而安全防范意识淡薄者在说过多次"差不多"之后，行为上对安全规定就会缺斤少两，此时事故就会趁虚而入，带来无法弥补的伤害。

　　对安全的追求应该是保持"贪婪"的，对安全环境的创造应该是永无止境的，因为没有绝对的安全状态，只有相对的安全防范。

"事故预想""事故隐患排查"是现在企业安全生产的必备，最大限度地消除安全隐患，保持相对安全的生产环境，控制相对安全的生产行为，把事故扼杀在萌芽状态，那么大多数事故是可以避免的；而另外完全没有预料会发生的意外就需要安全"强迫症"的严于律己、一丝不苟来保障，需要"强迫症"的忧患意识和小心谨慎来避免。

（作者单位：国电菏泽发电公司）

克服"两种心理"保安全

石江华

自 2002 年我国首次开展"安全生产月"活动以来，到今年已经持续了 14 年。

连续 14 年的安全主题活动，充分彰显了我国领导人对安全生产的重视，对广大人民生命安全的重视。遗憾的是，安全事故并没有杜绝，一些不应该发生的安全事故仍然在发生。为什么会这样呢？笔者认为这与当事人的两种心理有关。

一是侥幸心理。侥幸心理是指妄图通过偶然的原因去取得成功或避免灾害。我们知道，安全工作必须天天讲、月月讲、年年讲，昨天安全不一定今天安全，今天安全不一定明天安全。

如果今天某人没有系安全带高空作业没有出事，他不认为这是别人安全工作做得好，为他营造了一个安全的工作环境，避免了他的安全风险，他会认为这是他的运气好。若此种违章行为没有得到惩罚，他会一而再、再而三这样，不知不觉养成了习惯性违章，这样他离安全事故也就不远了。

二是"被安全"心理。由于国家重视安全，各企业也不敢怠慢，一直把安全工作作为第一重点工作来抓，建立健全安全保证体系、组织体系和教育体系，用安全管理制度、安全防护措施及加大安全投入确保公司安全生产的可控、能控、在控。

可问题在于，有些职工以为，参加活动及培训后，各级政府重视安全后，他就自然而然地安全了。这种"被安全"的心理，对企业及个人的危害很大，它混淆了"要你安全"与"我要安全"的界限，消磨掉了职工个人在安全管理中发挥"我要安全"

主观能动性的心理动力，使安全生产成了各级政府的事、所在企业的事。

不错，安全生产是政府的事，是企业的事，但更是职工个人的事。出了安全事故，谁的损失更大，谁的伤痛更深？大家冷静思考一下就会得出答案。

所以，在日常工作中，我们只有克服"侥幸心理"和"'被安全'心理"，才能使自己平安、家庭平安、企业平安、国家平安。

（作者单位：中国电建湖北电建一公司）

从"螳螂捕蝉"看安全生产

吴亚雄

相信螳螂捕蝉的故事大家都耳熟能详：吴王准备攻打楚国时，一位侍从进谏说：园中有一棵榆树，树上有一只知了，知了鸣叫着准备吸清凉的露水时，却不知道有一只螳螂在它的背后。螳螂正要逮住知了的时候，却不知道黄雀就在它后面。黄雀伸长脖子，想啄死螳螂吃掉它，却不知树下有个孩子正拿着弹弓对准它。可孩子一心想射杀黄雀，却没看见前面有个深坑，后面有个树桩。吴王瞬间明白他的用意，便放弃攻打楚国。

这个故事虽然看起来太过巧合，可是仔细分析发现故事中是存在偶然中的必然的，只顾眼前利益，不顾身后祸患，最终会把自己置身于无法挽回的境地。

在安全管理工作中，不乏一些企业为了贪图眼前利益而不顾身后隐藏的祸患。在生产经营过程中，企业追求效益是市场经济的需要，但往往会忽视安全生产的运行状态。

在效益最大化的驱使下，有些企业忽略安全生产的重要性，从而埋下巨大隐患。未雨绸缪是保障安全生产的重要前提，各企业单位都应明确自己负安全生产主体责任，在发生问题之前找到电网生产一线上的隐患，及时排除并解决，制定相关可实施的方案，做到安全投入到位、安全培训到位、基础管理到位、应急救援到位等。加大监管力度是保障安全生产的必要手段，通过考核安全生产指标进行管理，加快安全生产法制化进程。对于电力企业管理者而言，在安全风险管理中要紧盯问题整改不放松，对问题整改不力的单位及责任人严肃追究责任，确保企业的长治久安。

对于一名电力企业职工而言，要将安全风险意识根植在安全生产的每一个环节，不让事故有可乘之机，才能真正确保电力企业生产安全稳定。

企业零事故是安全生产的根本目的，生产安全事故不仅会对人民生命财产造成严重损害，还会对企业造成致命打击。企业从上至下都要牢记"安全第一"的原则，安全不是喊口号，落到实处才更可靠。

（作者单位：黑龙江省北安市电业局）

安全生产功夫永远在平时

沈立娜

2015 年 6 月，全国第 14 个安全生产月，各地企业运用多种形式宣传，活动有声有色地进行，有针对性开展的几场安全应急演练，阵势很大。静下心来，突然意识到，何必把诸多工作都攒到此时集中完成？要想保证企业的安全生产长周期，不是一个月轰轰烈烈的活动就可以实现的，这只是强化职工安全意识的一种方式，要想切实保证安全生产长周期，必须把安全管理落实到每一项具体工作中。从完善管理制度、举办安全技术培训班、加大外包工程人员安全管理入手，从防止节假日、夜间时段以及分散、小型作业省略安全措施"走捷径"入手，从不定期安全监管抽查加大违章行为曝光力度入手……这些琐碎的工作，必须在日常做好，才能让所在企业职工每天"高高兴兴上班来、安安全全回家去"。

"安全"，百度的含义是指"不受威胁、没有危险、危害、损失"，言简意赅，寓意深刻。人们也常说，"安全生产重于泰山"，五岳独尊，足以让人体会其中的分量。走进大型燃煤发电企业，轰鸣与尖叫的现场让人有"泰山压顶"的感觉，显眼的位置见到"安全第一、预防为主"那几个非比寻常的大字，说明安全是压倒一切的重中之重。为保障企业生产活动的正常进行，从上至下都要时刻注重生产过程的安全管控，因为一线职工每天面对的都是高温、高压的流动介质管线，从几十万伏到几伏不等的带电设备，每一个流程出现问题，都可能影响外部供电、供热，可以说是危机四伏，用如临深渊、如履薄冰来形容一点不为过。安全等级如

此之高的半军事化工厂，当然不能依赖"突击式""运动式"的安全管理，必须从一点一滴做起。国家连续开展"安全生产月"活动也旨在给大众敲响警钟，警示全国人民每时每刻要严防死守，从源头治理上下功夫，才能确保万无一失。

而全面依法治国，也着实让人们从法律的角度认识到安全红线不能碰触，安全面前人人平等。在新《安全生产法》实施之前，习近平总书记曾强调过，"坚守发展决不能以牺牲人的生命为代价，牢固树立以人为本、生命至上的理念。""东方之星"客轮翻沉事故让国人看到，国家为了百姓的生命安全，可以说是不惜一切代价。新《安全生产法》中还加大了对安全生产违法行为的责任追究力度，并且明确企业党委负责人和行政一把手对安全生产负有同等责任，更让我们进一步认识到，如果不能保障每一名职工在生产经营中的人身安全，一切经营成果将化为乌有。

套用"作风建设永远在路上"这句话，可以说，安全生产功夫永远在平时。

（作者单位：华电能源哈尔滨第三发电厂）

从扁鹊三兄弟的医术谈起

金晶昕

扁鹊三兄弟从医，魏文王问名医扁鹊："你们兄弟三人都精于医术，到底哪一位医术最好呢？"扁鹊回答说："长兄最好，中兄次之，我最差。"文王吃惊地问："你的名气最大，为何反而长兄医术最高呢？"扁鹊答说："扁鹊治病，是治病于病情严重之时，一般人都看到我在经脉上穿针管放血、在皮肤上敷药，所以以为我的医术高明。我中兄治病，是治病于病情初起之时，一般人以为他只能治轻微的病，所以他的名气只遍及本乡。而我长兄治病，是治病于病情发作之前，由于一般人不知道他能事先铲除病因，所以觉得他水平一般，但他的水平最高。"扁鹊自我反思的精神令人肃然起敬，由此笔者联想到安全风险管理。在实际工作中，我们很多人注重事后控制，忽视事中、事前控制。因为在一些管理者看来，结果控制比较容易实现，而过程控制是"治病于病情初起之时"，这个过程既漫长又烦琐，也不会有"在经脉上穿针管"或"在皮肤上敷药"的声势，不容易引起重视，给人"水平一般"的感觉。这也就不难理解为什么一些管理者对结果控制乐此不疲，而对过程控制敬而远之了。

安全风险管理是在传统安全管理基础上的升华，超前防范、过程控制是其核心。实施过程控制、提高过程控制水平并非难事，但需要我们在执行力上下功夫。

一要理顺"过程"。梳理作业流程，明确各部门、各岗位的安全生产职责，这样不仅能够提高过程控制水平，还能有效避免互相推诿的现象，提高工作效率。

二要洞悉"过程"。不断提高自身业务技能和工作素质，善于辨别事物发展规律，及时发现、解决问题，妥善应对新变化，及早"铲除病因"。

三要考核"过程"。将作业质量与个人收入紧密挂钩，考核不仅要对结果定量，而且要对过程定性，建立双重考核机制，从而实现"治病于病情发作之前"。

（作者单位：辽宁丹东供电公司）

电力安全也要接地气

刘剑文

"地气"，万物之灵气，一般所称"接地气"，就是要接触群众。于是，文艺作品想让读者喜欢，要"接地气"；新闻报道想反映民众的愿望，少不了"接地气"；党员干部要做好工作，自然离不开"接地气"……而笔者要强调的是：电力安全也要接地气。

首先，安全培训要接地气。稍加留心就会发现一个需要关注的现象：无论受训者是领导还是普通电工，是本科毕业还是小学文化，是从事内业扫地还是登杆装表，培训的老师、教材几乎一样。鉴于学员层次背景参差不齐，讲师无法做到因材施教，最后多是马虎从事，应付了事。如此一来，尽管培训结果是毫无例外的全部结业，但培训的实际效果可想而知。究其原因，主要是因为培训规划没有接好"地气"。电力安全培训要接地气，就得安规、两票、业务技术、生产实操等对应青工、农电工、技术人员等有计划地进行分类培训。只有将安全培训接好地气，才能产生安全实效。

其次，领导亲临生产现场要接地气。为了接地气，领导到工作现场参与施工，施工队员全部戴安全帽，可领导穿铮亮皮鞋手叉腰，头顶上却什么也没有。这样的领导到现场施工，不仅没有接地气，反而离职工更远了，更何况领导这样本身就不安全。在工作现场，领导只是一名普通的工作人员，工作负责人才是最高领导，因此领导到工作现场要穿工作服、绝缘鞋，服从现场工作负责人的指挥。明白了这些，领导再到现场才会真正接地气。

最后，安全宣传要接地气。电力企业每年都要进行各种形式

的宣传。然而，宣传车声音再响、嗓门再大、彩旗再多，也只能是让群众知道在做电力宣传。要想让宣传真正起作用，还得接地气，贴近群众，做通俗易懂的宣传。比如，电力共产党员服务队进校园给小学生讲安全用电知识，供电所在田间地头为暖棚菜农讲漏电保护器的用法，都是安全宣传接地气的实例。

古希腊传说中巨人安泰力大无比，只要他脚踏大地，就无往而不胜。但他的敌人发现秘密后，把他举到半空，他就断了"地气"，被杀死了。这个神话对我们电力安全生产相当有启发。我们天天说安全，开会讲安全，每年都要开展安全月、百日安全无事故等诸多安全活动，但安全事故还是频频发生。只有我们从公司领导到每一名职工，在任何工作中都接紧"地气"，电力才会科学发展，安全发展。

（作者单位：内蒙古察右前旗电力公司）

从反违章到防违章

鄢守成

"违章是事故之源，预防是安全之根。"企业安全生产要在"预防上下功夫，在防范上求实效"，从过去的"反"违章到现在的"防"违章，"防""反"结合，以"防"为主，以遏制各类违章事故的发生，实现企业安全生产的长治久安。

做好习惯性违章调查论证。在过去"反违章"工作中，安监部门不能够对所有施工现场安全监察全覆盖，有些单位及个人存在着侥幸心理和安全监管盲区。经常性地和生产一线员工进行交流探讨，共同分析找出规避违章现象的最优解决方法，避免"反违章"工作变成安监部门一家的事。让一线员工在施工作业前，就能对当天可能发生的各种违章行为进行全面了解掌握，并在班前会上加以学习牢记。安监员工通过查看现场录像、录音，考问现场一线员工当天施工内容及易发生的违章行为，就知道施工单位是否落实"防违章"措施。由过去应付安监部门"反违章"，变为施工前就学习各种有可能发生的违章行为，主动去"防违章"。

制定防习惯性违章措施。组织生产一线员工，对"防违章"措施体系的可行性进行充分论证，分别对不同种类的施工现场易发生的各种违章行为进行分类罗列，力求达到准确、全面、具有代表性。按照施工作业性质列出输、配电施工和变电作业部分，基建施工和土建维修部分，通信设备检修维护部分等方面习惯性违章行为，并分别对每个部分的违章行为按照施工种类进行详细细分，共列出违章行为 251 种。在此基础上，又积极组织走访基层所站和生产一线员工征求意见，制定了《施工作业防习惯性违章措施》，作为现场安全监察的一项补充内容。要求施工单位在办理施工作业现场安全监查票时，列出详细的防习惯性违章措施，并作为班前会必学内容，做到人人熟知反习惯性违章措施。创新一小步，提升一大步。防习惯性违章措施实施以来，员工的辨识、纠正和防违章能力得到提升，习惯性违章得到明显遏制，最终实现企业"零违章"保"零事故"。

（作者单位：河南正阳县电业公司）